上帝亲吻过的女人

Audrey Hepburn

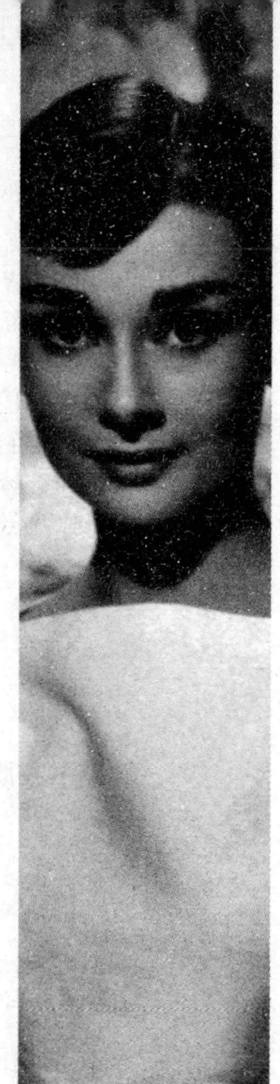

像赫本一样优雅

优雅形之于简单
而不是展现繁复与奢华
奥黛丽·赫本
告诉你优雅与美丽的秘密

陈芝荣 著

中国纺织出版社

内 容 提 要

当今世界，时尚潮流不断更新变换，而优雅却永远长青。像奥黛丽·赫本一样优雅生活，做雅致女人，会让你更有魅力。看优雅时尚女王赫本在着装上是怎么坚持独有的风格；在举止上是怎么凸显高雅的气质；在职场上是怎么那样从容淡定；在坠入爱河中又是怎样坦然面对……

跟随着赫本，你会看到自己的影子，向“优雅公主”学习，你就会变成优雅女人！

图书在版编目（CIP）数据

像赫本一样优雅／陈芝荣著. —北京：中国纺织出版社，2015. 7（2024.1重印）
ISBN 978-7-5180-1519-1

Ⅰ.①像… Ⅱ.①陈… Ⅲ.①女性-修养-通俗读物
Ⅳ.①B825-49

中国版本图书馆CIP数据核字（2015）第074996号

策划编辑：郝珊珊　　　　责任印制：储志伟

中国纺织出版社出版发行
地址：北京市朝阳区百子湾东里A407号楼　邮政编码：100124
销售电话：010—67004422　传真：010—87155801
http：//www.c-textilep.com
E-mail：faxing@c-textilep.com
中国纺织出版社天猫旗舰店
官方微博http：//weibo.com/2119887771
北京兰星球彩色印刷有限公司印刷　各地新华书店经销
2015年7月第1版　2024年1月第4次印刷
开本：710×1000　1/16　印张：13.5
字数：126千字　定价：48.00元

凡购本书，如有缺页、倒页、脱页，由本社图书营销中心调换

前言

说到优雅与时尚，这个世界上可能没有哪个女人可以与奥黛丽·赫本相媲美，她已经成为“优雅”的代名词！

世纪美人奥黛丽·赫本，以她精灵般独特的高贵气质和非凡的穿衣风格，成为一个世纪以来众明星争相模仿的“优雅公主”，她已经成为全世界人们心中的“优雅时尚女王”！

第一眼看上去，奥黛丽·赫本就让人感觉非常优雅高贵，这一切不仅仅源于她独特的审美眼光，更源于她真实、善良、美好的内心世界。赫本式的着装风格更是风靡整个时尚界，她的穿衣风格讲究修饰肩部与腰部的线条，以此来凸显衣服质料所体现出来的自然美感。赫本式着装的款式虽然简约，但是非常精致时尚，且不会成为“过去式”，遵循着她的穿衣风格的人，往往都走在时尚的最前端。

倘若我们在繁华的都市中看见一位气质非凡的女孩，就会情不自禁地说句“非常奥黛丽”！这句话就是形容那种优雅、高贵、智慧和有魅力的女人。奥黛丽·赫本身上的优雅和魅力已经得到了全世界的高度认可。她本人就是优雅、时尚、高贵和智慧的完美结合，她告诉每一个女孩，做女人其实很简单，就是要知道自己心中想要的是什么，想做的是什么，要遵循自己的内心世界去做自己想做的，不要盲目地追随别人，要发掘自己身上的优势，然后充满自信地打造完美的自己！

赫本曾经说过：“我的生活不是理论或公式，而是出于本能或常识。‘道理’比任何词都贴切，我从每个人、每件事上学到了道理——从母亲身上，从芭蕾舞老师身上，从《时尚》杂志上，从生命、自然和健康的法则上……都学到过。”是的，赫本式的优雅并不是完美得难以想象，只要我们在日常生活中，多注重生活细节，多虚心接纳有用的资讯，多注重自身的修炼，那么，我们每一个人都可以打造出属于自己的优雅风格。

优雅是个很美好的词，人们常说“真女人”，其实就是在说她拥有优雅的气质。一个真正的女人，其内在特质就是“优雅”。当每个女孩每天都尝试着让自己优雅一点，都带着一种“优雅”的心态去生活，那么，长久下来，她就会变成一个真正优雅的女人。

当女人以优雅的姿态去生活时，就会很用心地去思考很多问题，如在什么样的场合该穿怎样的衣服、化什么样的妆，在不同环境里应该拥有什么样的站姿、坐姿……甚至对自己平常漠不关心的事物都会表现得非常感兴趣，这些改变都是优雅给女人带来的神奇力量。如果一个女人每天还是依然感觉始终要收腹、挺胸、提臀很劳累，如果还是感觉每天出门化妆很麻烦，如果依旧感觉每次根据不同场合搭配不同风格的衣服很烦恼，那么，这只能说明她还没有像赫本那样，将“优雅”融入骨子里，将“优雅”变成一种习惯。

真正的优雅在我们现实生活中是需要去发现的，很多人认为天生丽质就是优雅，其实优雅和美丽的含义是不同的，天生丽质是先天的，而优雅却是后天的艺术的结晶，是一个人在不断提升自己、修炼自己的过程中所形成的一种独特的风格，并不是每个女人都可以拥有的。

现代都市中，那些衣着优雅又有流行元素的时尚女人，并不是一朝就练就了一身的优雅，而是靠在生活中不断地自我提升才打造出属于自己的优雅。真正的优雅，并不是单单靠华丽的服饰所体现出来，而是由自身那种内在的特质由内而外地散发出来。所以，“美眉”们要想打造真正的优雅，除了服饰，更应该注重自身的修养。

其实，优雅更是一种生活态度 ，每天将自己打扮得很精致，在空闲时间去一个静谧的公园散步，在周末的午后找个安静舒适的咖啡馆，依靠着临窗的座位，点杯自己最爱的咖啡、一小块巧克力，然后静静地品味着窗外的街景，享受着生活的趣味，这种简单、安静、舒适的生活，展现出一个女人的优雅状态。

现在，让我们走近赫本，让我们去感受一个优雅女神的精彩生活，当我们看见赫本是怎么成为人们心目中的“优雅女神”时，也许就会知道自己该如何去做了，就会懂得：优雅，并不仅仅是赫本的专利，只要发现其中奥秘，我们一样是 “优雅公主”！

陈芝荣
2015年5月

Contents

Part 1

好好照顾你的衣服

发自内心的优雅才最美

做一个有信仰的人

Contents

Part 9 一生最爱赫本妆

Part 1

好好照顾你的衣服

女人的个性藏在衣服里

当你笑容满面时，人们不大会看到你穿着旧衣服。

——李·米尔顿

人们常说："人靠衣装，美靠靓装。"把自己装扮得优美得体其实是尊重别人的一种方式，简简单单的穿衣打扮就可以反映出一个人的品位和气质。

在很多人看来，衣着时尚不过是显示自己与时俱进，与"潮流"接轨，其实不然，每个人的穿着都折射出一个人的性格特点。穿着时尚流行的人总是让人忍不住地多望几眼，而那些穿着普通，甚至是很邋遢的人，就难免会让人忽视。

作为一个演员，赫本总是把自己装扮得像公主一样才允许自己出门。在电影《蒂凡尼的早餐》中，赫本身着一件小黑裙，这件动感十足的衣服，彰显出她优雅的气质，再加上她那曼妙的身姿，把"优雅"二字诠释得淋漓尽致。影片中赫本那非常得体的小黑裙，顺着她身体的曲线蜿蜒而下，清晰地彰显出她完美的身线，将她身上与生俱来已融为一体的纯洁与性感体现得淋漓尽致。

小黑裙在赫本身上，仿佛所有的一切都是经过精雕细琢，她丰满的胸、纤细的腰、微翘的臀部和婀娜的身姿无不绽放出优雅迷人的光彩。小黑裙也因为高雅美丽的赫本而在观众心中生根发芽，荧屏上穿着小黑裙气质非凡的角色也深深地感动了每个人！小黑裙之所以会在赫本身上成为经典，靠的是她那一头乌黑亮丽的头发和炯炯有神的黑眸，以及她那凝脂般的肌肤。如果肤色不是很白，那就选择鲜艳亮丽一点的颜色，最好不要选择黑色。只要选对了裙子的颜色，你也一样可能成为众人眼中的“经典”。

从著名影片《罗马假日》开始，几乎在每一部经典佳作里，赫本的服装都会带来一股新的流行热潮。即使现在把她以往的经典老片翻出来重看，赫本的服装仍然给人一种心灵的震撼。

每个人都可以寻找到属于自己的穿衣风格

每个人的外在气质不同，所呈现出来的美感也不同。尤其是服饰风格上面，都有属于自己独有的穿衣风格。一旦找到属于自己的穿衣风格，那么，你就会表现出独一无二的自己。

在当今服饰潮流多元化、时尚化的社会中，很多女性都认为只有马不停蹄地追赶当下最流行的服饰，才不会落在流行的后面，才能引领时尚。其实不然，穿出真正适合自己气质和风格的衣服才是时尚。时尚其实是适当的服饰流行元素加上每个人独特的理解，然后体现出属于自己气质的着装风格，这样，才能显得靓丽。如果只是一味地去模仿时尚杂志和影视剧中名媛的穿衣风格，就只能给人一种生硬做作之感。

在选择服饰之前，你应该清楚地知道自己想要的是什么，哪种类型的衣服才适合自己。其实，每个人的性格在不经意间就会决定她的穿衣风格。现在很多具有世界知名的时尚范儿的明星，之所以被人们所追捧，不仅仅是因为她们身上那别具一格、靓丽时尚的服装，更是因为她们那恰到好处的风格所体现出来的独有的气质与个性。适合的穿衣风格会将一个人身上独有的特质呈现出来！

奥黛丽·赫本的服饰风格可以说是二十世纪最受女性推崇和模仿的，她在服饰上从不刻意去追赶潮流，不仅如此，她还不断地鼓励当时的女性朋友去发现自己身上的优点，她不仅改变了一些当时女性的穿着方式，同时也改变了她们对自己的认识。赫本的穿衣原则就是从不盲目地跟随流行，她总是坚持自己的穿衣风格，遵循着自己的穿衣原则。在关于赫本的影视剧中，你会发现任何一件衣服，在她身上都会显得异样的独特、优美，仿佛那衣服就是特意为她量身打造的。时尚界流传着这样一句话：“是奥黛丽穿衣服，而不是衣服穿在奥黛丽身上。”

赫本穿衣的原则就是“越简单越好”，对于她来说，穿衣风格其实就是一种内在美的延伸，她的穿衣风格其实是源自自己对生活的热爱和对他人的尊重。如果说赫本的穿衣风格是优雅纯洁的，那么，这是源自她内心的简单；如果说她那种穿衣风格是永恒的，那么，这是源自她相信自己。直到今天，赫本依然是现代众多女性崇拜的偶像，她的穿衣风格并没有随着时间的推移而被人们遗忘，就是因为她找到了属于自己的穿衣风格，并坚持了一生。赫本不是一个时尚潮流的追随者，而是世界时尚界的引领者。

每位女性都应该找到属于自己的穿衣风格，应该灵活地运用当下流行元素和季节适时地去改变自己，而不是做一个服饰潮流的傀儡，不停地去模仿知名女星的风格。她应该像赫本一样发现自己的优点，穿出独一无二的自己！

我们在选择服饰时，基本上是看款式和颜色。在衣服的款式上，女性朋友可以根据自己的五官、身材、职业等去选择。就每个人不同的五官来说，选择的衣服款式要有所不同。有的女性的五官特点是大方成熟，而有的就是小家碧玉；有的充满活力，而有的就很文静；有的五官饱满圆润，有的爽朗利索；有的很具有立体感，而有的温和柔美……所以，每个人不同的五官，就会呈现不同的气质，而不同的气质，穿衣风格就不同，现在就来看看你是哪种美女，然后去寻找属于你独有的穿衣风格！

Spirit of Audrey

人们梦想拥有一个很大的游泳池，但我却梦想拥有一个很大的衣橱。外貌是女人不可或缺的资本。

宁要一流材质基本款，不要地摊时髦货

时尚不是无关紧要的事，时至今日，时尚是生活的一部分。

——玛丽奎恩特

古巴有一句谚语：“便宜的东西往往会花去更多钱，而昂贵的东西往往会替你省钱。”是的，那些便宜的东西在刚开始会为你省钱，但是它的质地和使用寿命都差强人意，而品牌的东西质量有一定的保

证，虽然它的价格比较贵。

赫本的基本款

每一次出现在人们眼前的赫本，都会成为众人追逐的焦点，不管其他女性有怎么惊艳的装扮，赫本总是能够以一件黑裙和一双漂亮的明眸获取无数人的关注。她的服装没有任何多余的装饰，但是却散发出独特的魅力。在赫本的衣橱中，你不会看到这些服装：缀着耀眼的金属片、印着各种不同花纹和标志的衣服，各种红黄蓝撞色的衣服，层叠交错的繁复搭配的衣服……或许时下某部韩剧中女主角的服装款式很流行，也或许某本畅销书潮流杂志中的衣服款式，证明这种搭配风格非常流行，但是时下的季节过后，会怎么样呢？其实我们都知道，一件衣服的款式时下非常潮，是每个女人追求的风格，但是，过了这一段时间，这种款式的衣服就会成为历史，新的服装款式就会立马占领市场。而你当初选择的那些潮流服装，只能安静地躺在你的衣橱角落中很难再重见天日。

其实，潮流就是我们眼前的影子，它无时无刻不在发生着变化，如果想永远追着潮流走，只能每时每刻关注它的变化，愚蠢的女人只会追着它跑，而聪明的女人就会抓住它的本质，不管它怎么跑，永远也跑不出它原本的领域。而赫本就是这样一个聪明的女人。

曾经在一次采访中，人们向赫本问道：“你是怎么样打造你的风格的？”赫本优雅地微笑着说：“很简单，就是将你的头发往后梳，穿一件无袖的黑色洋装，再戴一副黑色太阳镜或是帽子就可以了。”虽然她说得很简单，但是真正做起来很难。

赫本最好的朋友奥黛丽·怀尔德曾经这样说过：“赫本对衣服质感的选择非常认真，如果她是选择一件衬衫，那一定是一件质地一流的衬衫，并且款式一定是非常简单的。”是的，赫本对衣服选择的标准就是基本款、质地一流。这一点我们从赫本日常生活或是出席各种公众场合就已经断定了。不管是什么场合，赫本的服装不会那么花哨，只是简单、质地一流的基本款，虽然没有其他女性那种奢华装饰，但是这更凸显了她身上独有的气质。

赫本说的基本款，究竟是什么款式呢？是去掉衣服上多余的装饰、水钻、亮片、各种颜色的花纹、蕾丝和各种标志等。可能有人会感到很惊讶，在想商场中会有这种衣服吗？其实不然，睁大自己的眼睛好好找一找，会有很多不少人平常连看都不愿意看的基本款的衣服。下一次逛商场的时候，记得不要再将眼光停留在那些复杂纷繁的服装款式上，当你很想买下那些带有很多华丽装饰品的衣服时，你要想清楚自己能否驾驭得了这些衣服，这些衣服是否更能凸显出你的气质。

或许有人会担心基本款过于简单，穿不出自己的特色，其实不然，要想把一件基本款穿出特有的气质，只需要在基本款的整体造型上稍稍增添一些小配饰，而时尚女王赫本就是这么做的。比如戴上一副夸张的太阳镜，而能把一副螳螂式、形状怪异阔边的太阳镜，戴出一种特有的风情，貌似也只有赫本这种独有特质的女人能做到了。不过，尽管你不能戴出时尚女王那种风情，也没关系，可以在基本款上佩戴一条优雅的丝巾或者一顶很有型的帽子。这样，每个人都能将基本款穿出自己特有的味道。

自己才是真正的主人

要知道，衣服只是我们的侍从，而我们自己才是真正的主人，如果你在商场里看到自己中意的衣服，当你决定将它买下时，你要想一想，你的气质能否压过这件衣服，如果答案是肯定的，那么你可以将它拿下，如果是否定的，那么你坚决不能买下它。适合你的衣服，就能够凸显出你身上特有的气质，就可以将你的身形完美地勾勒出来，就一定会折射出你强大的气场，而不是让这件衣服成为红花，让你成为绿叶，反衬出它的亮丽特色。

在赫本的那个时代，女子买衣服是非常看重质量而不是注重买多少，在那个时代，有些女人为了买下一件心爱的衣服而省吃俭用一个月，可见，这些美眉是多么注重自己的衣着。赫本也深受这种观点的影响，在她的穿衣世界里，一件质感好的衣服是具有强大力量的。赫本曾经这样说过："当我代表'联合国儿童基金会'演讲的时候，我感到非常紧张，但是当我穿着纪梵希设计的衣服时，我感觉仿佛有人在保护我。"听起来当时她似乎有种梦幻般的感觉，当我们在穿上自己心爱的衣服时会有这种感觉吗？在我们的记忆中存在过这种感觉

吗？也许很多人还不知道，当年赫本还是好莱坞的新星时，拿到酬劳的第一时间就跑到时装店买下了一件纪梵希设计的时装。

在我们现实生活中，我们可能不会像赫本那么富有，我们也不可能将一个月的薪水去买一件名牌，然后这一个月天天吃泡面。但是，我们应该比较一下：用半个月的薪水买来几箱夹杂着毛边线头、残缺亮片和劣质标志的衣服，与用三分之一的月薪买下一件质感很好的品牌衣服相比，哪一个更富有活力，穿起来感觉更好？不言而喻，也许你能在一天中换上好几套地摊上的时髦装，保持一个月不重样，最终你或许会得到心理上的满足感，但是这些地摊时髦货只能让人转眼就忘。而那件质感一流的品牌衣服却能给你增添一种独有气质，让你在人潮人海中，散发夺目的光彩。

所以，亲们，你现在是否还是之前的那种想法呢？现在的你想不想让自己的气质散发出来呢，想不想让你周边的朋友看到你之后，就会“哇”的一声情不自禁地投去赞许的目光呢？那就从现在开始改变你之前的消费理念，改变你购买衣服的思维方式，宁愿花多点钱买一件质感一流的基本款，也不要再选择一些时髦的地摊货了。这样，你的穿衣就更有品位，你也会更具有魅力！

Spirit of Audrey

鞋子最好能够比脚大半号，并采用舒适的材质，才能算是一双好鞋，因为过小的鞋子长时间穿着会对脚造成伤害。为了迎合所谓的时尚而不得不把脚挤进一双并不合适的鞋里受尽折磨时，内心深处是多么的痛苦。

适合的，就是性感的

一个人的风格不应该成为另一个人的标准。

——简·奥斯汀

当你在闲暇时间穿梭在繁华都市中，你会看到不同女人身上呈现出各自独特的性感：你可以看到像莫文蔚那样时尚性感的女人，还可以看到像徐若瑄那样清纯性感的女人，也能看到像林志玲那样知性性感的女人，等等，她们的性感不单单是完美的身材显示出来的性感，她们的这种性感呈现出的是另一种独特。女性内在的性感来自于她们柔美、知性和健康活泼的内心世界，外在的性感就是通过合适的着装来体现。

扁平身材也性感

从美国二十世纪著名的演员玛丽莲·梦露到现在新时代的女性，性感不仅仅限于外表，关键是一个女人心中隐藏的智慧和特质通过自己合适的着装和言行等由内而外散发出来的让人着迷的气息！所以，性感不仅仅是一个女人完美的身材，更是一个女人内在的气质和智慧的体现！一个魅力十足的女人，除了她婀娜的身姿，她身上具有的独特气质——性感更被人关注。这种性感是一种长久的内涵，不会随着时间的推移而减退，相反，它如同水晶、钻石一样，因为时光的雕琢而更加耀眼美丽。

虽说永久的性感来源于一个女人的内在美，但是也不能忽视我们身体细微部分的微妙性感，如女人白皙的脖子和修长柔嫩的玉手，这无疑能给人一种视觉上的性感，同时也间接地透露出女人的年龄及珍爱自己的程度。懂得爱自己、装扮自己、自信满满和谨慎认真的女人才是最性感的。

奥黛丽·赫本以其独特的扁平身材和别具一格的穿衣风格传递出的美，扭转了当时女性一味追求那种胸部丰满、苗条身材的观念，而她也因此成为“时尚”的代名词！在当时还是简·罗素式性感盛行的年代，丰满的胸、纤细的腰和时髦的高跟鞋是众多女性的审美标准，而《罗马假日》中的“安妮公主”开创的“新”时尚之风：身穿圆裙、腰身打结的白色无皱棉质衬衫，袖子自然卷起，脖子上系着一条小丝巾，这身装扮让她如同当时青涩纯洁的大学生，却呈现出一种现代感十足的新风尚，被当时无数女性所追捧。赫本是当时美国第一位不以外在性感取胜的明星。

自赫本以“安妮公主”形象出现在观众眼前后，当时有很多的年轻女孩就不再把内衣填得满满的，也不再穿着时髦的高跟鞋走路，都在争相模仿赫本那种“不追求性感却胜过性感”的穿衣风格。奥黛丽·赫本主演的《蒂凡尼的早餐》，可以说是引领当时时尚潮流的又一巅峰之作。赫本扮演的女主角所穿的服装又一次掀起了一股时尚热潮：三串式假珍珠项链、无袖洋装以及超大镜框的太阳眼镜，她这种超乎人们想象的穿着，引起无数女性争相模仿，至今仍然经久不衰。美国著名设计师麦克·科斯说，“女性视今天的打扮穿着为理所当然，但如果不是奥黛丽·赫本的话，她们今天不可能有这样子的穿法。”赫本那种优雅、高贵、大方的特质被无数人所崇尚。赫本一生参演过26部影片，她的每一部影片，都曾在时尚圈刮起一股旋风。

标准“赫本风格”

奥黛丽·赫本的名字就是“时尚”的象征，她优雅、简洁、高贵、大方。而“赫本风格”更是一种不容易被人们复制的时尚符号，在她二十六年的从影生涯中，总会有很多女性心甘情愿地跟随着她时尚的步伐，赫本在20世纪90年代为人们创造了“赫本风格”，而她这种特定的风格也成了一种永恒的时尚。

赫本喜欢穿黑色小洋装、无领袖洋装、白衬衫、合身套装等，这些不仅是赫本的最爱，更是一个时代的时尚标志，人们也因此把她经典的着装风格称为“赫本风格”。甚至连赫本身边的约克夏犬也成了时尚的符号。知名华裔设计师王薇拉曾经说过：“奥黛丽是最早的现代女性之一，她的穿着显示出了她的想法与心智。”她认为赫本之所以能被人们所推崇，成就了一个时代的时尚，是因为赫本清晰地了解自己，知道自己想要的是什么，而不是一味地被流行牵着走。

如果说家喻户晓的影片《罗马假日》为赫本打开了“时尚”大门，那么纪梵希就是成就时尚女王的幕后推手，他成功地将赫本推上了“时尚”的顶峰。赫本不想做一个任人摆弄的“衣架子”，她对自己的时尚着装有自己的看法。她的经典“赫本风格”曾被《时尚》杂志称赞：“她能够建立流行美学的新标准，是每个人都争相模仿的‘赫本形象’。”

赫本在电影界中有着崇高的地位，但她在时尚史上更是独占鳌头。在时尚界中，赫本不仅仅是时装界中的时尚女王，更是很多时尚界大师们的缪斯女神。赫本的出现给时尚界注入了一种新元素，她的一举一动深深地影响着时尚界。

赫本主演的影片《蒂凡尼的早餐》中，她穿过的小黑裙永远停留在人们心中，她戴的太阳眼镜让无数人为之震撼，此外，她在影片《龙凤配》里穿过的七分裤又再一次流行于世。还有她那潇洒叛逆的短发、平底的芭蕾舞鞋和腰间打结的衬衫，以及风情万种的丝巾，这些都是永不褪色的“赫本风格”。

优雅大花长裙

赫本在拍影片《龙凤配》时，与法国知名设计师纪梵希相识，而纪梵希为赫本打造了一个时尚神话——“赫本风格”。影片中的赫本就穿着纪梵希为她设计的大花长裙，裙上有一层蝉翼纱，从赫本的腰身直泻而下。裙身和上衣及裙摆都绣着18世纪风格的花卉图饰，烘托出赫本的高贵和优雅。而裙摆拖地部分是一个椭圆形，且裙的镶边是黑色蝉翼纱褶，这件大花裙成就了赫本的优雅气质，也惊艳了一个时代!

小黑裙

在影片《蒂凡尼的早餐》中，赫本主演的交际花霍莉·戈莱特利在蒂凡尼的窗外向店里看的镜头，成了电影史上永恒的经典。而影片中赫本身穿的小黑裙也受到众多女性的追捧和喜爱。

鸡尾酒裙

同样在影片《蒂凡尼的早餐》中，赫本身穿的黑色长裙，显然已经成了当时时装流行的标志。而她身上的以黑色丝绸制作的无袖鸡尾酒裙，也可以说是时尚界永恒的经典。鸡尾酒裙的上衣是圆领，裙腰部分因带有腰带而略显突出提高一些，裙边向外舒展且有褶带。整体上看，鸡尾酒裙是一套线条利索的晚礼服。

七分裤

七分裤还有一个优美的名字，叫做“萨布丽娜裤”。它是在赫本另外一部影片《龙凤配》中出现的。在这部影片中，赫本扮演的是一位非常美丽，名叫萨布丽娜的姑娘。赫本在此影片中有两个截然不同的形象，赫本在影片的前半部分，是以一个很调皮的“男孩头”形象出现，影片的后半部分，她却摇身一变成为一位优雅动人的淑女。片中赫本男孩头造型的休闲装——七分裤，给观众耳目一新的感觉，自此，七分裤流行至今。

低胸公主裙

在影片《黄昏之恋》中，赫本穿着纪梵希设计的低胸公主裙，显示出她的另一面——俏丽活泼，这也是和著名设计师纪梵希合作的又一部经典的影片。赫本身穿的低胸公主裙再一次得到众多女性的青睐。

手镯

赫本作为一个时尚的引领者，她身上的配饰当然是少不了的，其中，她特别钟爱式样简单的手镯。那些透明、绿色和橘色的手镯是她的最爱。

紧身裤

在《甜姐儿》中，赫本穿着一套款式简单高雅的黑色紧身裤，再搭配一件黑色的高领毛衣和黑鞋，加上一双洁白的袜子。赫本这一身“从头黑到脚”的装扮给人留下了深刻的印象。

丝巾＆圆框太阳眼镜

赫本在影片《黄昏之恋》中，她将丝巾用不同的佩戴手法巧妙地搭配在自己身上，顿时成了一个风情万种的女人。被叫做“谜”的经典的圆框太阳眼镜，更是让人们欲罢不能，在影片中，赫本系着丝巾，戴着超大太阳眼镜，让她展现出谜一样的无穷魅力。

“赫本头”

在《罗马假日》中，赫本扮演的安妮公主，因为一时兴起而在一家罗马理发馆，剪去一头长发。从此，赫本这一头俏皮靓丽的短发被人们称为“赫本头”，并争相模仿。

奥黛丽·赫本打造出来的“赫本风格”一直到今天依然被众多女性所崇拜。半个多世纪以来，她一直是那些世界著名时装设计师心目中完美的女性。她的发型、服装风格，还有微笑，始终是现代无数知名明星模仿的典范。奥黛丽·赫本在她半个世纪的演艺生涯中，除了给世人留下了很多的经典，还留下了永恒不朽的美丽！

Spirit of Audrey

每个女人都应该找到一种最适合自己的穿衣风格，在这个风格的基础上，根据时尚流行和季节的变化去装饰，而不是做时尚的奴隶，不停地模仿某个明星的样子。

Part 2

发自内心的优雅才最美

用低调赢得世界

人生的价值，并不是用时间，而是用深度去衡量的。

——列夫·托尔斯泰

地低成海，人低成王。低调是一种力量，是一种无欲则刚的力量；也是一种智慧，是一种读懂人生的智慧；是历经沧桑后的觉悟，更是豁达宽广的胸怀。高山不向人们解释自己的高度，但人们眼中它巍峨宏大；大海不向人们炫耀自己的深度，但人们都知道它容纳百川；大地不向人们说明自己的厚度，但世间没有任何事物能够轻易撼动它的位置。所以，低调是一种品格，一种姿态，一种风度。

赫本式的低调

在我们生活中，很多有成就的人都有低调做人的范儿，他们的成功得到了人们的认同和赞赏。但是，我们生活中也会见到这样一群成功者，他们不管走在哪里，都是那么张扬，总是在向人们炫耀自己的成就有多大，自己的地位有多高，而这些人最终往往因为自己的“高调”而引来很多的非议甚至遭受劫难，有的甚至最终落个身败名裂的下场。所以，在今天这个风云变幻的时代，只有懂得低调做人，我们才能在浮华纷繁的舞台上扮演好自己的角色，走好人生旅途的每一段路。只有懂得低调，才能营造出自己良好的人脉圈，才会开创出自己

广阔的发展空间，打造出一片蓝天，演绎出自己辉煌的人生。

赫本的一生影响了一代又一代人，她虽然在影坛中有着崇高的地位，但是她却行事低调。她的着装风格引领了一个时代，无论是在银幕上，还是在生活中，她的每一个细微动作都显露出一种令人叹服的优雅与美感。赫本从来就是遵循着自己的原则去做，她的着装风格一直以来被时装界视为高贵与时髦结合的完美典范。赫本从不穿一些夸张显眼的衣服出席活动，她总是以自己独特的方式低调行事。赫本从来没有把自己看成是一个超级影视明星，她总是很努力地工作，并保持着低调作风。虽然被外在光环所笼罩，但是她从来就不向外界炫耀，只是淡淡地保持着最本真的自己。

凡是想成大事的人，都应该具备“低调”的品质，只有包容别人，才能为人们所赞赏、钦佩。只有行事低调，保护自己、融入群体，才能建立好自己的人脉关系，与人们和谐相处。低调做人，可以让人暗蓄力量、悄然行事，在悄无声息中凸显自己的成就。低调做人，其实就是以空杯的心态容纳世间的一切，只有具备了这种心态，做任何事情才能有始有终，才能在逆境中顽强拼搏、勇往直前，才会在优势环境中不骄不狂、淡定自如！

在生活中，常常会有这样一些人，他们稍有名气，就开始到处炫耀、自夸，也很享受被别人奉承的感觉，他们只是暂时地陶醉于一时虚荣的满足，最后，他们往往会被别人当成射击的靶子，弄得伤痕累累。

低调做人，并不意味着我们在做事时要小聪明，而是让自己不论面对何事，始终处于冷静的状态，一个人只有在“低调”的心态下，才会保持冷静的头脑，才能成就一番大事业。在我们的生活中，往往会遇到很多的困难和逆境，而每个人也应该适时地选择适合自己的位置，放低自己，才能渡过难关，走向成功。就像孟子说的那样："可以仕则仕，可以止则止，可以久则久，可以速则速。"

低调做人和高调做事是相互补充的，做人是做事的基础，只有做好人，才能做好事。做人要低调谦虚，做事要高调自信，这样我们的人生路才能越走越远，越走越宽。

每个人都应该学会低调做人，尤其是一个女人，更应该懂得低调，不喧闹、不矫揉造作、不假惺惺，你就会赢得别人的赞赏，在生活中获得快乐，在职场中赢得提升的机遇。一个人只有把自己的心态放低，低调做人，高调做事，才能成就完美的事业和人生。

Spirit of Audrey

从心理学角度说，我的坚定信念来自内心的不安和自卑感。既然我无法克服表演时的紧张，就只能脚踏实地、全神贯注，付出最大的努力。

微笑面对每一天

微笑是一种神奇的电波，它能让人在不知不觉中同意你。

——卡耐基

如果说，有一种力量可以让人坚韧不拔、自信和温暖，那便是微笑的力量。一个用微笑面对生活的人，那么，他面对困难和逆境就能经得起考验，就会成为生活中的强者和英雄，一个每天都愁眉不展的人，会被生活的挫折所击败，成为生活中的懦夫。尤其是女人，微笑会使她们更加生动、美丽、温暖，更具有亲和力。曾经一个美国心理学家作过一项调查，结果发现，那些喜欢微笑的女人比不常微笑的女人更容易得到男士们的青睐和喜欢。

笑的魔力

奥黛丽认为笑是拉近友谊的最快的方法。她从不轻易表现于公众的幽默感让朋友们愿意亲近她。当事态发展到低谷时，她总能用一个笑话把大家逗乐。

“我喜欢能让我笑的人。笑是我最喜欢的事情，它医治百病，是一个人能拥有的最重要的东西。”

格利高利·派克说：“大多数人都认为奥黛丽具有贵族气质，而我觉得她是一个阳光灿烂的人。她幽默诙谐，谈笑风生，她的这个特点可能会让所有不熟悉她的人大为惊讶。她总能在拍摄过程中让我大笑，活脱一个喜剧演员。”

比利·怀尔德说：“我们在一起经常开玩笑，她是一个有趣的人，她对好莱坞发生的任何事情总是瞪大眼睛表示惊讶。她认为自己还是个初学者，刚刚开始学习表演，对一切都不了解。”

罗杰·摩尔说："她的秘密武器就是笑声，来自于幽默诙谐的性格的、发自内心的笑声。"

拉尔夫·沃尔多·爱默生说："我过去常常这样想：我愿意在回忆痛苦时刻的时候笑出来，从没有想过会在回忆幸福时刻的时候哭出来。"

他们都是接触过奥黛丽·赫本的人，他们的评价最是中肯。

微笑留住了经典

当你向别人微笑时，事实上是很含蓄地告诉对方——我尊重你，我愿意和你做朋友。当你以微笑的方式给予别人温暖与认可时，你也获得了他人的信任和喜爱。相貌平常又怎么样，没有任何一个人会拒绝拥有甜美微笑的女人，更没有任何一个面带微笑的女人是不美的。人们也许会厌恶一个面容姣好但缺乏善意的女人，但是一定不会讨厌一个笑靥甜美的女人。只有会微笑的、拥有亲切笑容的女人，才会给人们留下深刻的印象，才能在生活、职场中赢得人气。微笑，它不仅仅是一个表情，有时它会打破一次尴尬，可以温暖一颗冰凉的心，可以赢来一次迈向成功的机会。

奥黛丽·赫本是一个美丽的女子，她永远都是走在自己的路上，在从影生涯中，好莱坞资深人士曾经告诉她，应该像玛丽莲·梦露一样走性感路线，但赫本只是淡然一笑。她依然按照自己生活的方式去生活，她保持着传统的古典美，她的美丽微笑不仅仅征服了好莱坞，也征服了那个时代。

有一首脍炙人口的歌——《月亮河》，被人们一直传唱到今天，这和奥黛丽·赫本有莫大的关系，而我们也很佩服她的坚持，当初，影片中有一段赫本自弹自唱这首歌的画面，制作人想把这段删掉。但是，赫本淡定自如、不卑不亢地微笑说：“要删掉可以，但请从我身上踏过去。”她美丽的微笑，加上一种坚韧的精神，才让我们今天可以领略到她优美的歌声。20世纪80年代，赫本虽然饱受疾病的困扰，但是她却将这优美的微笑演绎到一个新的高度。

赫本曾经的摄影师鲍勃·威洛比，他回想第一次见到她的情景时说：“那是在1953年，在华纳的片场，我惊呆了，我从来都没见到过如此优雅美丽的女孩。她的微笑是上帝创造的，用来融化凡人的心。”赫本，不仅美丽的外貌打动每一个人，她甜美的微笑更是震撼每一个人。

每个人都应该用微笑的力量，去影响自己周边的人和物，去感化温暖自己生活中的一切，我们只有面带微笑，才能感受生活中的美好。

微笑着面对每一天，会让自己心情舒畅，在职场中是一个可以让自己脱颖而出的好办法，也会让自己的身体更健康。笑着度过每一天，会让自己变得更健康、更美丽动人、更具有亲和力。懂得对别人、对生活微笑的人，她的心灵是温暖可爱的，懂得微笑的人，一定会拥有美丽的人生，让我们把微笑养成一种习惯，那么，我们就会很快迈进幸福、成功的大门！

Spirit of Audrey

我相信快乐的女孩最漂亮。我相信明天的太阳是新的……我相信奇迹的存在。我一直都很幸运。机遇很少凭空出现。所以，当它们出现时，你一定要抓住。

寡言也幽默

幽默是多么艳丽的服饰，又是何等忠诚的卫士！它永远胜过诗人和作家的智慧；它本身就是才华，它能杜绝愚昧。

——司各特

不管在哪一个时代，一个女性拥有渊博的知识、良好的修养、恰当的举止、优雅的谈吐和一颗善良的心，即便是相貌不出众，也一定会活得漂亮。优雅的谈吐，会增添一种无形的色彩，它会让女性活出一种精神、一种品位、一种至善至美！女人可以生得不漂亮，但一定要活得漂亮、活得精彩！

在今天很多社交场合上，幽默被大家认为是一种潇洒、优雅和高深的象征。如果你懂得运用幽默，它会是你在职场中人际关系的润滑剂，它也会以一种善意的微笑赶走你心中的怨气，也会避免你和他人发生冲突，此时，它就成了一种“化干戈为玉帛”的强大力量。

幽默是一种智慧

其实，在某种意义上，幽默不仅仅是让人发笑，带给人们更多的是心理上的轻松和愉悦。幽默是原谅别人错误过失的一种方式，是对恶劣环境的喜剧式调侃，也是处在逆境中的自我嘲讽和解脱。幽默往往是善意的，没有一丝恶意，它是对恶意的一种分解。

在我们身边，或许可以发现那些幽默感很强的人，其实更具有青春气息，很有活力，他们看起来往往比那些没有幽默感的人更显年轻。其实，幽默和青春是同时存在的，一个具有幽默感的人，他的精神和情绪都是处在兴奋和激动的状态，幽默使人更加青春焕发，而在幽默的作用下，一个人会更快乐、充满活力。它可以将我们的痛苦化为快乐，它也会让我们的心变得更加富有青春活力。

幽默的基础是我们每个人的宽容和理解，要包容我们身边的一切事物，只有用一颗宽容的心去包容理解万物，才能激起我们的幽默细胞。所以，要想拥有十足的幽默，就一定要具有很高的修养和健康的心态。只有我们的品质和修养很崇高，不低俗、不粗野、不偏激、不苛刻，我们的幽默才能给别人带去快乐，否则就很容易走向讽刺，而讽刺并不是幽默。所以一个人的幽默是一种艺术，一种人生态度，更是一种智慧！

赫本在她的从影生涯中，也不乏幽默感。在她还没有被世人熟知的时候，她曾经和自己的兄弟们玩一种“看手势猜字谜”的游戏，她丰富的表情和手势，将她的兄弟们全都逗乐了。赫本的这种幽默感也是帮助她踏入影坛的一项能力。此外，赫本在从影生涯中，也有过很多的遭遇，而她巧妙地以幽默将遭遇化解。

生活需要幽默

奥黛丽·赫本的处女作就是家喻户晓的影片《罗马假日》，这部影片在拍摄之前，赫本还是一个默默无闻的演员、一个候选演员，而当她去试镜的时候，青涩的赫本面对镜头不是紧张害怕，而是表现出一种自然天真，她谈吐自如，给人的感觉是“清水出芙蓉，天然去雕饰”。虽然没有什么表演经验，但是她清新的外形、优雅的举止震撼了导演。最后，像天使一样的赫本登上银幕，被无数的影迷所喜爱。

赫本主演的《窈窕淑女》，因她高贵的形象、优雅的言行，使这部看似荒诞不经的影片却像绽放在空中的烟花一样耀眼。同时这部影片中的赫本留给影迷的风采更是长久不衰!

幽默是一种艺术

幽默虽然不能和其他的艺术形式（如喜剧和小品等）一样具体，但是它有时会上升到艺术的层面。很多艺术作品中包含着不少幽默，有些艺术作品为了达到某一种艺术效果，会将幽默元素显现得过分夸张。在我们生活中，人与人之间的交往中都存在着幽默，虽然偶尔会有些夸张的成分，但是更多的是反映了他人的一种适时的机智。此时，幽默就已经上升到艺术的层面了。

幽默是一种人生态度

有一位名人曾经说过："一个人如果常向着光明和快乐的一面看，那么他一定可以获得成功。"从成功角度来看，幽默不正是含有快乐的成分吗？幽默感其实间接地反映出一个人的人生态度是积极还是悲观。如果一个人积极乐观，即使身处逆境，也能笑对人生，笑对一切。这些人常常用幽默的方式释放郁闷的感情。

幽默是一种智慧

一个人的幽默感，往往是其智慧的一种体现，而具有智慧的幽默才能体现出真正意义上的幽默，才具有艺术价值。其实幽默是一个人将语言的艺术魅力充分展现出来。它让人们最大限度地去发挥人和事物之间联系的想象，从而给人一种美妙的结果。同时，具有幽默感的人遇到困难时，会保持清醒的头脑，拥有清晰的思路，也更容易化险为夷。

在生活中，处处存在着幽默，而幽默因生活而生。善于从生活中发现幽默，并很好地利用幽默，那么这一定是一个快乐的人，而能够领悟到幽默中蕴含的哲理的人更是智者。所以，在生活中，一个人可以话语很少，但是一定要有幽默感，这样生活会充满更多的快乐和幸福！

Spirit of Audrey

当你花了一段时间阅读、写日记、扩充学识后，你会发现自己说话充满智慧，能用流利雄辩的言语和巨大的词汇量迷倒一大群同事、朋友和家人。别人会马上注意到你睿智的言谈，因为那和大部分年轻女性词汇量少得可怜的语句形成了鲜明的对比，别人会不可避免地被你吸引、想要成为和你一样的人、追求更高水平的说话能力。

用一颗善良的心拥抱世界

善良是历史中稀有的珍珠，善良的人几乎优于伟大的人。

——雨果

曾经一位哲学家问他的学生："人生在世最需要的是什么？"他问完之后，学生给出很多答案，但是其中只有一个学生说："一颗善良的心！"听了他的回答，哲学家非常高兴，他赞叹地说："善心两字涵盖了别人所说的一切，因为有了善心，对于自己，则能自安自足，能够做一切与己适宜的事，对于他人，则是一个良好的伴侣、亲切的家人、可爱的朋友。"是的，人之初，性本善，每个人不管有多少财富，有多高的社会地位，有多么姣好的面容，都应该拥有一颗善良的心！

善良让她更美丽

善良是每个人最珍贵的宝物，更是一种高尚的情操，它像一首感人肺腑的歌、一幅美丽动人的画、一条奔流不息的河流，拥有它，我们就会远离痛苦，接近快乐和幸福！曾经听过这样一句话：爱情让人流泪，友情则擦干你的眼泪，要懂得珍惜身边的朋友和身边的人，要用一颗善良的心拥抱世界。这种善良来自于每一颗善良的心，每个人的心里都充满着爱，这种爱是我们内心自发的，是一种纯真的感情。善良是人类独有的精神财富，更是一种传统美德。

善良是一种内在的美，更是一种人性美、道义美和良知美，这种内在的美是一种崇高的美，是值得人们去追求的。善良不是同情，也不是怜悯，更不是施舍，它发自于心灵深处，如果有人用善良做成虚伪的面具，就成了“伪善”，这种善良不会让人感觉到温暖，只会让人畏惧，因为只有每个人真正拥有一颗善良的心，这个世界才会充满爱，爱才能更持久。

善良在我们身边随处可见，它可能是一句亲切的问候、一个善意的微笑、一声真诚的祝福。有时，它是黑暗中为你点亮的一盏灯；有时，它是寒冷中为你送来的一双手套；有时，它是一次危难中的援助之手……善良是博大无边的，也是平常而简单的。在这个社会中，每个人都扮演着不同的角色，如果你是一个老师，你做好教书育人的本职，你就是善良；如果你是一个干部，你的能力为民所用，你就是善良；你是一名公司员工，你自觉地承担起责任，你就是善良……只要我们每个人做到自己该做的，遵守人性的原则，拥有一颗善良的心，那么，你的人生就会熠熠发光。

从20世纪80年代开始，奥黛丽·赫本就开始慢慢淡出影坛，担任联合国儿童基金会大使，投身于伟大的慈善事业中，用自己的影响力唤起社会去关注索马里和苏丹等经济落后国家的贫困儿童。即便是疾病缠身，赫本也去非洲为那些经受战火折磨的儿童奉献出自己的一份力量。她不害怕非洲的贫困，也不畏惧恶劣的风沙天气，将自己的爱心播种到那一个又一个荒凉的地方。人们在赞叹赫本那暖人心房的爱心行为的同时，也被她的执着和坚强所感动。

赫本虽然淡出影坛，但是她依然被媒体所关注，曾经有权威杂志评出20世纪最完美女星，赫本位居第一，可见赫本的人生已经不仅仅局限在影视中，她的完美已经超越了时间和空间，走向了永恒。

如今这个社会人心浮躁，善良渐行渐远，或许是因为各种竞争、欲望和更多的利益等，所以，很多人为了一己私利而丢弃了善良，放低了做人的道德底线。很多人为了追求自己想要的东西，可以不择手段，不经意间扭曲了自己的心灵。在职场中，岗位的竞争、职位的提升让每个人开始蠢蠢欲动，很多人更是将自己的善良抛到九霄云外。生活中，纯洁的小孩被父母告诫害人之心不可有，防人之心不可无，人与人之间从原本的善良纯洁到今天的隔阂与防范，这种结果值得我们每一个人去深思。

每个心存善良的人都具有纯洁、仁爱、无私、宽容、奉献的品质。拥有善良，我们的生活才会蓬勃发展。和心存善念的人在一起，我们就会开启智慧的大门，就会拥有纯洁的灵魂，我们的胸怀才能宽广无边。每个人都希望人间充满爱，都希望人与人之间心灵沟通，所以，将我们的善良编织成一叶扁舟，驶向我们生活每一个角落，驶向每一处有善心的地方。无论我们在什么地方，在做什么，都要时刻保持着一颗善良的心。

世界因善良而美好，因爱而有光彩，善良是爱的气息、爱的芬芳，只有每个人都心存善意，世界才会充满活力，爱的花朵才会永远绽放。人们的名字会因为善良而长存，人们会因为爱而留恋这个世界，这个世界这么美好，让我们用善良之心来拥抱世界吧！

Spirit of Audrey

我呼吁国际援助全世界弱小无助的儿童，更吁请一份对孩子的尊重。在这些地方，我看到的不是伸出要东西的手，而是沉默却有尊严以及对有机会自己帮助自己的渴望。

懂尊重，懂自爱

你有很多上帝赐予的礼物和美德，但没必要拿出来炫耀，因为骄傲自满会玷污你最好的天赋……所有品德中最有魅力的就是谦虚。

——路易莎·梅·奥尔科特

生活在世界上的每个人，都不可能像一座孤岛独踞在海洋之中，他希望和他人相处，希望自己是一个受人尊重和欢迎的人。要想成为他人眼中的朋友， 你一定要懂得自爱，更要学会真诚地尊重他人。

母亲的教育

奥黛丽的母亲艾拉·凡·海姆斯特拉是个世袭的男爵夫人。她自小就梦想成为英国人，拥有苗条身材，并做一名演员。但是她的贵族血统却不允许她实现这些被家人朋友视为愚蠢而又不切实际的梦想。等待她的是婚姻和家庭生活。

喜欢被称作“男爵夫人”的艾拉结婚又离婚，据她的朋友讲，她宁愿如此，也不想像大多数人那样找一个情人，发展一段婚外情。在那个年代，离婚并非是司空见惯的事，而这个单身母亲带着两个儿子，亚历山大和伊恩，坚强地生活着。

一年之后，她嫁给了约瑟夫·赫本·拉斯顿，并生下了他们爱情的结晶——奥黛丽。可是抚养女儿的重担却落在她一个人身上。

“ 我总是听母亲说：‘不要迟到，记住，要先为别人着想。不要喋喋不休地谈论自己。你的故事毫无意义。重要的是他人。’”

她曾说：“做男爵夫人的女儿不会让你与众不同，母亲生于20世纪初，在一个严厉并具有维多利亚文化的家庭中长大。她总是叮嘱我和哥哥，不要忘了，态度要友善。要为老妇人开门，这样才能帮助她们。母亲这样的处世态度始终坚定不移。”

“母亲教导我坐得端正，站得笔直，谨慎饮酒和吃甜品。每天只能抽六根烟。”

“我的世界观是母亲灌输的。如果没有为他人着想，没有守规矩，就会受到她的责问。”

“他人为先己为后是旧式的保守观念。而我就是在这样的观念中长大的。既然他人比自己重要，那就不要大惊小怪，不要自以为是。”

“小时候，母亲告诉我吸引大家的注意不是正确的行为，永远不要让自己出洋相。只有通过工作才能谋生。”

自尊自爱，绽放光彩

奥黛丽·赫本，可以说是世界上完美的女人了。得益于母亲的教育，在她从影生涯中，她一直都懂得尊重他人，更懂得爱惜自己。

1976年，赫本在拍摄影片《俪人行》时，其中有一场关于海滨的场景，这个场景就需要赫本和男主角穿着游泳衣演出。然而，敏感的赫本想到这个镜头，就怯场。最后导演安慰她，说了很多鼓舞赫本的话，为她打气，并说："你的身材是很多女人都很羡慕的，不要太担心。"赫本虽然有点释怀，但还是不安。这个场景拍完了，虽然她演的动作有些僵硬，但还是赢得很多人的喜爱。赫本这种洁身自爱的品质在当时西方影视圈，特别是好莱坞更是难能可贵的。所以，懂得尊重，学会自爱，才能赢得别人的尊重，才能成就你的人生！

屠格涅夫曾经说过："自尊自爱，作为一种力求完善的动力，确是一切伟大事业的渊源。"是的，一个人只有懂得自爱，才会成就自己。懂得尊重就像一缕春风、一泓清泉，给人一种暖暖的感觉。尊重可以让一个人奋发图强，是你人际关系的黏合剂。懂得尊重自己和他人的人是真诚的、谦虚的、宽容的和善良的，它与虚伪、狂妄、苛刻和嘲讽是对立的。

在生活中，一个人如果给成功者以尊重，就说明他对成功的渴望和追求，若给一个失败者以尊重，就代表他对他人的安慰和鼓励。懂得尊重，就会让成功者继续奋进，会给失败者勇气。懂得尊重和自爱的人，才会得到别人的尊重。

美国的心理学家罗森塔尔曾经在一个学校里做过这样一个实验：他对一个班级的学生做了一个调查。然后他将一份名单给了这个班级的指导老师，这是一份他认为一些非常有前途的学生名单。心理学家还要求这位老师不要将这份名单宣扬出去。名单上有些学生其实表现不是很好，但班级的老师受到心理学家的影响，就对名单上的学生给以更用心的指导，并给予学生理解和尊重。最后，很多年后，名单上的大多数学生都取得了不小的成就。

是的，不管是生活中还是工作中，我们都需要彼此的理解和尊重，才能合作成功。不管我们的合作对象是谁，都应该给予对方足够的理解和尊重，才能获取同等甚至是更多的尊重。

懂得尊重别人，是站在别人的角度考虑问题，是一种高尚的品质。尊重和无原则的吹捧奉承是有很大区别的，尊重自己和他人是人格上平等和独立的表现形式，是对他人的负责，也是对自己的一种尊重，所以，这样的人会得到别人的尊重。而无谓的吹捧和奉承是降低人格尊严、心中有所企图的行为。俗话说“自轻者人必轻之”，这种不懂尊重自己，总是以降低人格的恭维以博得他人好感的人，是不会得到别人的尊重的。

Spirit of Audrey

女人的魅力不在于外表，真正的美丽来自于一个女人灵魂深处，在于亲切的给予和热情。一个女人的美丽随着岁月的流逝而增长。

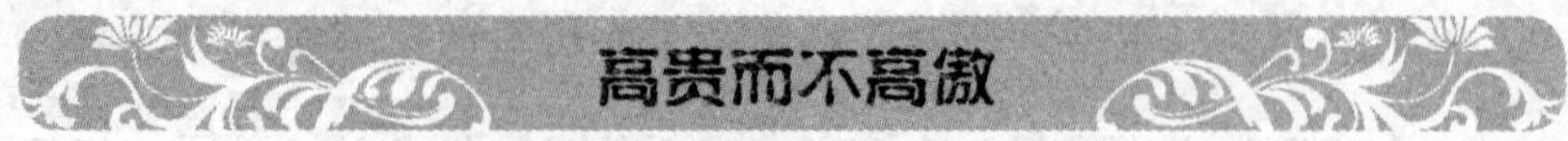

高贵而不高傲

高贵的精神是不会停步不前的，它经常使人勇敢而无所畏惧。

——苏联教育家苏霍姆林斯基

高贵是心态上的高贵，是一种心灵力量，无理的傲慢不是高贵，盛气凌人也不是高贵。高贵是在真理的基础上生根发芽，如美国黑人罗莎·帕克斯太太，坐在公交车上以“依然坐着”的行为反抗当时种族隔离的法律，她的拒绝是一种高贵；德国的总统勃兰特曾经在华沙犹太人殉难纪念碑前的伟大“一跪”，让全世界人震撼不已，这更是一种高贵。所以，高贵是一个人思想的高姿态，它凝聚着强有力的心灵力量。

乱世出佳人

在很多女人看来，要想拥有高贵的气质，就是将自己打扮得漂亮一些，然而，仅仅是外在的美是不够的，还需要内在的修养，高贵其实就是一种内在的修养。一个女性要想拥有高贵的气质，一定要对自己充满自信，其精神一定要高于物质。女人不能太肤浅，要提升自己的品位和眼光，不能太贪求物质，更不能为了追求金钱就将自己的灵魂丢弃。女人要拥有高贵的气质，一定要懂得自尊自爱，如果一个人连自己都不爱，就不要去希望别人来爱自己，一个人只有懂得自尊自爱，才能得到别人的认同和尊重。一个人只有珍视自己，才能得到别人的重视。

奥黛丽·赫本是高贵的代言人，她在年少时期就已经被生活打磨出一种善良与宽容的品质，这为她原本就具备的贵族气质又增添了一层光环，这也许就是她在影坛中保持卓越的原因之一吧。在二十世纪五六十年代，这是好莱坞巨星最辉煌的时代，世界第一美女伊丽莎白·泰勒被人们视为“妖姬艳后”的化身，格蕾丝·凯利嫁入豪门，成为王妃和王后，费雯·丽与英格丽·褒曼是众人眼中的银幕偶像，而玛丽莲·梦露更是人们心中的性感女神。而她们丰富的爱情史和无数的“小故事”，以及她们特立独行的道德观念，更是让人们震撼不已，和这些好莱坞大腕相比，赫本显然是一个“叛逆小子”。在她身上，人们看不到任何的花边新闻，她如同一个纯洁的花季少女。这就是赫本的另一种高贵。

这位纯洁、不为尘世所影响的英裔比利时女子完全是走在她自己的路上，虽然她在影坛上获得了丰厚的财富，也赢得了崇高的社会地位，但是在她的演艺生涯中，完全没有一丝绯闻，更没有野心、丑闻与阴谋。这一时期，好莱坞虽然一直处在《海斯法典》的阴影笼罩下，处处受到约束，但是当时女明星们的“潜规则”故事却一波接一波，从没有间断过。在这个混乱复杂的影坛中，只有赫本是纯洁的，是“出淤泥而不染”的，那些纸醉金迷的小报上从来没有赫本的名字，她可以说是高贵的化身，是“贵中之贵”了！

两个赫本

奥黛丽初涉银幕时，凯瑟琳已经是一名颇有声望的女演员了。电影公司不知道好莱坞能否容得下两个赫本。奥黛丽当即回答："如果你选择我，也要接受我的名字。"

不久，好莱坞泰斗山姆·哥德温就说："她是继嘉宝和凯瑟琳之后好莱坞最响亮的名字。"

性格迥异的奥黛丽和凯瑟琳同样才华横溢。她们就是影坛的皇后和公主。直到今天，凯瑟琳仍然是唯一一个四次获得奥斯卡金像奖的女演员。而第一次和最后一次得奖竟相隔48年。

他们说："在快餐店服务员成为影星的时代中，屏幕上出现了一种饥渴，很少有演员受过真正的教育，有修养或会弹钢琴。奥黛丽纤细轻盈的身躯让看见她的人都过目不忘，她拥有大家都有或与众不同的品质。她开创潮流，引领经典，她就是另一个赫本。"

他们还说："别看她棕色的大眼睛，俏丽的鼻子，看似弱不禁风，却有着一股强烈的正义感，任何出格的行为都会受到她的指正。凯瑟琳也有一身正气，不过她的风格更平民化，象牛排和冰淇淋，如清新的空气，敞开的窗户和充足的睡眠。奥黛丽则具有欧式的典雅和高贵。"

做真实的自己

大多数人并不了解真正的奥黛丽。我们认识的只是她扮演的安妮公主、赫莉·戈莱特利和伊丽莎·杜丽特。我们把她想象成理想中的样子——完美的奥黛丽·赫本。但是人无完人，世上根本不存在毫无瑕疵的人。

奥黛丽是一个普通人。像个邻家的女孩，只是模样漂亮了些。

她曾说："其实我从不曾在意什么公众形象。如果我成为大众眼里的完美女神，肯定会被逼疯的。我根本不相信有完美。"

"人们把我奉为某种典范，我在他们眼中也许是甜美的，略带一些忧郁。但是，我终究是个平凡人。当我肚子饿了，也会骂上几句。"

在生活中，女人应该时刻保持高贵的心态，但是一定不能误入高傲的歧途，只有不断地在生活中沉淀，才能像赫本一样做到真正的高贵。

Spirit of Audrey

若要优美的嘴唇，要讲亲切的话；若要可爱的眼睛，要看到别人的好处；若要苗条的身材，把你的食物分给饥饿的人；若要美丽的头发，让小孩子一天抚摸一次你的头发；若要优雅的姿势，走路时要记住行人不止你一个。

不做长舌妇

要想成为一个有气质的优雅女性，就要千万注意，不可做一个长舌妇，不要陷入是非中。

——佚名

"静坐常思己过，闲谈莫论人非。"这是人的基本道德，也是一个人的修养，无论女人还是男人，这都是他们应该拥有的基本素养。一个很喜欢背地里说别人闲话的人，是非常俗气的。但是在我们生活中，总会有一些人，在闲暇时间说别人的闲话，且乐此不疲。这样的人在我们每个人身边都存在。俗话说："三个女人一台戏。"意思是说，女人多的地方，是非也随之而来。

在生活中，我们常常会遇到一些喜欢评论别人的缺点，喜欢说三道四的女人，虽然她们口齿伶俐，能说会道，但是说出的话尖酸刻薄，更不给别人留下一丝余地。如果生活中，别人的一句话触怒了她们，那么她们就会将对方的一些隐私全盘爆料，给对方来个措手不及。如果在社交中，一个人不小心伤到了她，或许她会在众人面前喋喋不休，无休止地对别人冷嘲热讽、恶毒攻击，让对方崩溃至极，狼狈不堪。

"爱说别人闲话是女人致命的弱点。"这句话非常有道理，爱说别人闲话的女人，其形象也不会太好。而有的女人天生就喜欢搬弄是非，这种女人在生活中不会有很好的人缘，在职场中更不会有很好的晋升机会。所以，说话一定要慎重，要时刻管好自己的嘴巴，就像对待珍宝一样，偶尔保持沉默，会给你人生增添一抹亮色！

有时，我们可以管好自己的嘴，不做长舌妇，但是却无法去管别人的嘴巴，有时会碰到说别人是非的人，此时，我们不能参与到"是非之中"，最好的方式是选择静静地聆听、一笑而过。也可以选择"沉默是金"，不发表自己的见解，更不能随声附和。这样做既是对对方的礼节，也是避免陷入是非之中的好办法。

沉默也优雅

我们每个人要想做个优雅女人，避免成为长舌妇，首先应该提高自身的修养，同时还要尊重他人的隐私，这是非常重要的。别人的隐私和我们没有任何关系，我们不是娱乐圈中的“狗仔队”，不需要每天都“八卦”一些新事物。管好自己的嘴巴，扮演好自己的角色，安安静静做好自己，我们就会沉淀出优雅的气质了。

赫本的一生几乎是沉默的，在她的影视生涯中，不管是对她在爱情中遭受的挫折，还是对她曾经遭遇的家庭不幸，她都是保持沉默的。在曾经的一次采访中，采访者问了很多关于她小时候的事情，但是她轻描淡写地回答了几句，就连她很亲近的朋友，她也保持沉默。只是用淡淡的一句话回答了他们：“孩子们没有敌人。”可见，她对自己孩提时代的记忆是不愿意提及的，也许她小时候发生了很多让她难忘，让世人无法想象的事情。

赫本遭遇几次爱情的痛苦，她只是默默地去承受，而不是在亲朋好友面前抱怨。赫本的优雅和高贵都是在这些细节中体现出来的。赫本的第二任丈夫，是一位名叫安德烈·多蒂的罗马大学心理学教授，婚后，赫本原本想安心在家相夫教子，但是多蒂却每天泡在罗马最热闹的夜总会和脱衣舞厅，和那些声名狼藉的女人混在一起。赫本每天看着出现在报纸头条的自己丈夫的花边新闻，始终保持沉默。最终，赫本实在忍受不了丈夫这种恶习，耐心已完全耗尽，最终在1981年结束了自己的第二次婚姻。她面对多蒂的出轨，不是每天唠唠叨叨，而是选择沉默，虽然她的婚姻还是以离婚而告终，但是这体现出她崇高的素养！

在现实生活中，很少人像赫本一样，有些女人是典型的“长舌妇”，这种女人永远都是俗气市侩的。这种人文化素质不是很高，而且也没有什么涵养，每天在家里总是东家长西家短，所以，就慢慢地修炼成了“长舌妇”。所以，一个女人要想成为一个优雅女人，就应该提升自己的修养，博览群书，提高文化素养，只有这样，才会从粗俗中蜕变出来，踏入优雅的行列。

在生活中，如果管不好自己的嘴巴，可能会导致邻里之间不和睦。在职场上，我们更要注重自己的言语，我们每天都会和同事、领导有语言上的沟通，怎么说、说什么是非常有讲究的，可以说在职场上“说话”也是一种艺术。很多时候，我们会吃哑巴亏，就是因为没有管住自己的嘴巴。在职场中，我们尽量不要去谈论别人，因为我们在谈论中一旦失去分寸，往往会添油加醋，在一时的宣泄中失去原则。在别人背后议论人，尤其是涉及别人的短处，这些会降低自己的品格。所以，最好的方式就做一个优雅的沉默者。

管好自己的嘴，不做长舌妇，不乱说话，是非常重要的。管好自己的嘴巴，不仅会赢得他人尊重，也是我们每一个人的必修课程。管好自己的嘴巴，守住自己心灵的大门，保持“沉默是金”的状态，就是优雅的最佳护身符。

Spirit of Audrey

人之优势所在，是必须充满精力、自我悔改、自我反省、自我成长；并非一味的向人抱怨。

Part 3

做一个有信仰的人

不管怎么样都要做该做的事情

爱是恒久忍耐、又有恩慈。爱是不嫉妒，爱是不自夸，不张狂，不作害羞的事，不求自己的益处，不轻易发怒，不计算人的恶，不喜欢不义，只喜欢真理。凡事包容，凡事相信，凡事盼望，凡事忍耐，爱是永不止息。

——哥林多

人们常说：“家家都有本难念的经”。是的，每个人家里都有一本难读的经，在我们身边，你或许会看到一些家庭出现各种矛盾纠纷，也会看到因家庭纠纷而造成的不同悲剧，可谓是“形形色色”。普通家庭有争吵，明星大腕家也同样会爆发纷争，奥黛丽·赫本在我们看来一定是成长在和睦温馨的家庭中，否则怎么会让世人看见她如同天使般的面容和内心世界呢？其实不然，赫本也和其他人一样遭受过痛苦和磨难，但是她面对曾经的伤害却选择了宽容和爱。

渴望父爱

奥黛丽·赫本出生于一个优秀的家庭，她的父亲约瑟夫·维克多·安东尼·赫本·鲁斯顿是一位英国银行家，母亲艾拉·凡赫姆斯特拉是一位荷兰贵族的后裔，被人们称为“男爵夫人”，在外人看来，他们应该生活得很好。但是，她在童年时遭受过很多挫折。她6岁时，父亲因为支持纳粹，而最终抛弃妻子和子女，不告而别。赫本幼小的心灵遭受到很大的创伤。接着在1938年，赫本的父母亲正式离婚了，虽然父亲在赫本的强烈要求和希望下，拥有探视家人的权利，然而事实上，他却从来没有来看过自己的家人。之后第二次世界大战爆发，赫本随着自己的母亲回到荷兰的老家，与她的外婆一起生活。

虽然赫本一直是与母亲男爵夫人生活在一起，长大后几乎没有见过自己的父亲，即便母亲对父亲心怀不满，但是赫本却一直私下里偷偷通过红十字组织寻找自己的父亲鲁斯顿。从小到大，父亲就是赫本心中一直解不开的结。终于，上天眷顾了她，红十字组织告诉赫本的第一任丈夫梅尔·费勒，赫本的父亲住在爱尔兰都柏林。

费勒非常激动，就立刻给鲁斯顿打电话，而赫本的父亲虽然没有见过这个男人，但是他知道这个男人是奥黛丽的丈夫。多年来鲁斯顿会通过报纸、电影媒体等途径，对女儿的电影事业和生活有所关注。他对梅尔·费勒这个名字一点儿也不陌生，当费勒在电话中说："你们父女俩应该见一面，这也是赫本多年来最大的心愿。"鲁斯顿非常礼貌地说："我非常高兴能再一次见到奥黛丽！"

当赫本知道将要和多年不见的父亲相聚了，非常激动。赫本和费勒从瑞士搭乘飞机赶到都柏林，一进入酒店，就看见一个穿得很破旧但是气度不凡的老人正坐在酒店的大厅里，这个老人就是赫本的父亲鲁斯顿先生。赫本站在那里停了几秒钟，但是她的父亲没有任何反应，脸上也没任何表情，就像一尊雕像站在那里一动不动。他没有像其他老人那样看见与自己分离多年的子女就立刻走向前，开心地去拥抱赫本。他并不是因为内心太过于激动而忘记了这一举动，而是他根本不会表达自己心中对子女的爱，也或许他心中根本不存在这种爱。事情的真相也许大家都不会相信，赫本的父亲其实是一个感情交流有障碍的人。

赫本见到这个自己在童年时代都很渴望扑进他怀里，享受甜蜜父爱的老人，主动走向前，拥抱了自己的父亲，就像其他女儿拥抱自己多年不见的父亲一样。面对这样一个曾经抛弃过自己的人，赫本最终选择了宽恕，她并不是想要父亲的道歉和解释，她需要的仅仅是了却多年来心中一直存在的心愿。赫本强忍着眼中的泪水，只是因为不想让父亲对自己和母亲有愧疚感。随后，他们一起共进午餐，天南地北地随意聊天，聊得最多的其实就是赫本的父亲，当时第二次世界大战打响后，鲁斯顿先生并没有去德国参战，他从英国回到爱尔兰，也一直长居在这里，现在已经是第三次结婚。

费勒当时找个借口说自己要出去逛逛，买些别出心裁的当地商品，目的是给赫本和父亲留下更多单独相聚的机会。但是当费勒回到酒店时，发现只有赫本一个人独自坐在大厅里，却没看见鲁斯顿先生，显然，赫本和鲁斯顿的谈话是不了了之的。而赫本也是一句话也没提，只是淡淡地说一句：“现在我们可以回家了。”在他们回家的路上，赫本对费勒一路的陪同说了声：“谢谢！”她对于费勒为自己所做的一切非常感动。

用宽容诠释爱

这一次爱尔兰之旅，与鲁斯顿相见终于解开了赫本心中的结，这个在第二次世界大战期间，被赫本母亲抱怨过没有尽过丝毫责任的男人，也曾经让赫本埋怨过的男人，也是赫本一生想要见到的男人，在她真的见到了自己想要见的父亲时，赫本已经明白了自己的心愿终于实现了，至于她父亲是一个怎么样的人已经不再那么重要了。虽然这次见面不欢而散，但是赫本依然坚持每月在经济上支持鲁斯顿，直到他生命的最后阶段。虽然在赫本最需要父爱、最需要照顾的时候，鲁斯顿抛弃了她和男爵夫人，没有尽到父亲应尽的义务，但是赫本并没有因此而拒绝赡养自己的父亲。赫本遵循着自己的做人原则，并在一生中都在坚持着：每个人都应该做到她应该做的事情，不管自己曾经被伤害到什么程度，都一定要做好自己应该做的！

临终前，赫本的父亲健康状况很糟，已经到了神志不清，胡言乱语的程度，但是他还依然反复地对赫本的灵魂伴侣罗伯特说："女儿对于我非常重要，当年没有扮演好父亲的角色，我非常后悔，今天我为自己能拥有这样的女儿而感到骄傲。"

我们每个人的家庭或多或少都出现过矛盾和纠纷，也许有人与赫本一样，没有一个快乐的童年，没有品尝到温暖的双亲之爱，但是，都要相信我们的家人是非常爱我们的。当初对我们造成的伤害，或许是他们有迫不得已的苦衷。我们要像赫本一样去做自己应该做的事情，而不是一直耿耿于怀。像赫本一样用自己的实际行动去宽容和爱护自己的父亲，有句话说得好：“心中无爱，寸步难行，心中有爱，走遍天下。”曾经被家人伤害过的人们，此刻是不是已经释怀了呢？是不是应该用自己的行动去宽容自己的家人呢？

Spirit of Audrey

生活就像匆匆在博物馆绕一圈，要过一阵子你才开始吸收你的所见，然后思考它们，看书了解它们，再记住它们——因为你不能一下子全部消化。如果我够真诚的话，我会告诉你，现在我依然看童话，并且它们是所有书目中我最喜欢的。

相信爱可以改变一切

爱是生命的火焰，没有它，一切变成黑夜。

——罗曼·罗兰

爱是一种力量，是一种宏博、柔韧、坚强的力量；它是一片天空，包含天地间的万物；它是空中的氧气，给予万物新的生机；它是一抹阳光，是一滴雨露，照耀滋润每一个人的心房。它可以改变每一个人生命中的一切！

天使的爱

奥黛丽·赫本曾经说过这样一句话：“世界本来就是不公平的。

但是世界只有一个，它正变得越来越小，人们之间的接触也越来越频繁。我们生活在这样的环境中，那些富有的人就有义务、有责任去帮助那些一无所有的人。”是的，每个人都应该献出自己的一点爱心，去帮助世界上那些处于困苦折磨中的人。

赫本从二十世纪五六十年代，已经成功地完成了自身的转型，她已经结束了对纯洁世界的幻想，逐渐地走向了现实生活中。赫本曾经很长一段时间没有在银幕上出现，直到1989年，60岁的赫本扮演了她人生中的最后一个角色，就是在著名导演史蒂芬·斯皮尔伯格执导的爱情片《直到永远》中扮演了一个纤弱的天使。虽然赫本在这部影片中出现的片段很短，但是她身上无人能比的优雅气质，使得这部影片中的天使形象又成为她众多银幕形象中的经典。赫本淡出影坛后，她就一直致力于慈善事业，在晚年时期，她作为联合国儿童基金会特使，竟然拖着病弱的身体，去看望救助拉丁美洲和非洲等贫困地区的孩子。

由于赫本的童年经历，所以，她一生都非常关注慈善事业。她的童年在第二次世界大战的困苦环境中度过，所以她对处在战争中儿童的痛苦有非常深的体会。所以，晚年的赫本在疾病缠身的情况下坚持去那些贫困地区去资助需要关爱的孩子。赫本曾经很多次不顾战乱和传染病的危险，远赴非洲地区资助看望被战争折磨的孩子。她来到世界上最艰苦的地方去拥抱那些困难中的儿童，并不断地提供援助。她还利用自己在世界上的影响力，呼吁社会上的人们关注索马里、苏丹等落后国家儿童的生存状况。

美丽的天使赫本对社会慈善事业的关注，打动了世界上每一个人，她的爱心也影响着每一个人，她的这种慈善爱心来源于她内心深处最本质的真诚。赫本对慈善事业的关注消耗了她晚年生活的大部分时间和精力，即便在弥留之际，赫本依然还不忘那些处在苦难中的孩子，赫本的儿子西恩曾回忆她去世前一天的情景，说："我问她有没有什么遗憾的。她说：'没有，我没有遗憾……我只是不明白为什么有那么多儿童在经受痛苦。'"赫本的这种爱心已经根深蒂固地生长在她的内心，她一直都相信，只要世界上每一个爱心人士都奉献出自己的一点爱心，那么，世界上困苦的孩子就会越来越少。

在每个人的生活世界里，不管是爱情，还是亲情友情，都曾有人灌注了很多的爱，每个人只要内心充满爱，奉献出一点爱，那么，相信每个人的生活中都会处处有阳光和温暖。就像著名歌手韦唯唱的那首红遍大江南北的歌《爱的奉献》："只要人人都献出一点爱，世界将变成美好的人间。"

只要每个人付出一点爱，就可以改变我们身边的一切，或许会因一个不经意的决定挽救或毁灭一个人。所以，我们每个人应该充满爱心，多奉献一些爱心，我们身边的人一定会感受到这种美好。

如果每个人都能奉献出一点爱，那么，人与人之间的相处就会更加的和谐，心与心的沟通就会更加畅通。爱，不仅使我们人生的财富更加丰厚，也会让我们和身边的人感情更纯真，会让我们的生活和这个世界更加美好。

Spirit of Audrey

女人的美丽不是表面的，应该是她的精神层面——是她的关怀、她的爱心以及她的热情。我天生就有被爱的需求，同时还有个更强烈的需求——给予爱。

简单生活

当你简化你的生活，宇宙的法律将更加简便；孤独不会孤独，贫穷不会贫穷，也不虚弱无力。

——梭罗

生活简单一点，比如周末逛街购物的时间减半，在家多听点音乐；把高跟鞋留在门外，穿着平底舒适的凉鞋；偶尔让自己独处一天；将屋里不要的东西全都丢出去……感受一下简单生活带来的乐趣。

简洁即华贵

奥黛丽就是高级时装的代名词。她的风格和创新既突破传统，又定义了经典。就连著名歌剧女歌唱家玛丽亚·卡拉斯也效仿奥黛丽的穿衣打扮。

“奥黛丽”服装是一个多种理念的产物。由巴伦西亚创始，纪梵希监制，并深受奥黛丽影响的一种理念。

奥黛丽的服装不以数量取胜，而是以质量著称。每一件衣服简洁大方，如一条黑色短裙配一件白色无扣上衣，就成了一套别致的套装。最新的款式不一定是最好的，简洁才是制胜法宝。她说："我没有时间采购具有'奥黛丽'风格的衣服，我只有两件晚礼服，两套便装，除此之外就没有衣服了。"

每个人都有自己的风格，她的风格就是略施粉黛，摘去配饰。一件领间钉有纽扣的男式衬衣在其他人身上从来没有像在她身上这么潇洒过。

巨星简单的生活方式

奥黛丽·赫本虽然在影坛中名声显赫，但是只要她有一点时间和空闲，她就会逃离好莱坞的迷彩灯飞回瑞士的家。因为在这个温馨的家里，赫本能够享受那种自然简单的生活，这是她工作之外最欢喜最享受的时刻。在家里，没有人会把她当成大明星，也不会有任何人找她合影签名，她可以享受到一种简单惬意的生活。瑞士是一个宁静的国家，而这种宁静对曾经在战争中受到伤害的赫本而言是一种独特的享受。

除了她最钟爱的白色野玫瑰，奥黛丽在瑞士的家中还充满各种色彩。客厅墙壁的乳白色与粗大植物的绿色相映成趣；鲜黄色的沙发和全白色地毯让人愿意在此畅谈；鸭子游走在鲜花丛中，这一幕让人不忍离去；在后院长廊中小酌，听奥黛丽最喜欢的金丝雀啁啾，欣赏她珍藏的白色陶瓷猪饰物。

简单中透露着奢华；舒适中蕴藏着经典；妙趣横生，不落俗套。家就是奥黛丽风格的体现。

她曾说："亲手栽种的鲜花、自己弹奏一段乐曲、会心的微笑，似乎这一切都在家中等待你。我希望家中的一切都是欢快活泼的，家就是纷扰尘世中的桃源仙境。"

赫本可以像普通女人一样打理家务，穿梭在厨房中。她经常在厨房给儿子肖恩精心制作各种食物，这样她不但不会感觉很累，相反，她会觉得很满足很幸福。赫本的简单生活就是蜕去那层华丽的外衣，回归到简单平凡的日常生活中，她感到无比幸福快乐。

生活其实很简单，只是很多人对生活苛求得太多，以致迷失了自我。人们常说："平平淡淡才是真"，是的，平淡中透着一种安宁和祥和，平淡中折射出一种简单和幸福。

人的欲望是永无止境的，如果一个人感觉生活有很多痛苦、烦恼和不悦，那是因为他对生活要求过多，他的烦恼和矛盾都是他自寻烦恼，没有任何人会强加于他。欲望越多，痛苦就越多，所以，生活中追求一种简单，是一种智慧。

很多人都很渴望一种简单的生活，但是他们总是被一些繁杂的事扰乱了心思，失去了生活的方向。《论语》中说："莫春者，春服既成，冠者五六人，童子六七人，浴乎沂，风乎舞雩，咏而归，夫子喟然叹曰：‘吾与点也。’”是的，连圣人孔老夫子都向往渴求那种简单的生活，我们普通人更是如此。

生活中的平凡不代表平庸，同样，生活的简单并不是简陋，简单既具有海洋的静谧和深邃，也拥有高原深秋的宽广。简单的生活也不是摒弃富足小康、精彩生活，更不是拒绝烂漫绚丽、潇洒自在。它是在喧闹的尘世中保持一份灵气和安静，不被热闹所吸引而止步不前；是在都市潮流中拥有一份淡定，不被潮流迷失，盲目追赶时髦。生活中的简单让人们堵塞的人生之路畅通，让纠结的心瞬间融化，让徘徊在都市中的思想一尘不染。简单的生活，会让每个人的心灵有一种净化感，让每个人的灵魂有一种静谧感。

我们每个人的生活应该像树、像花、像草、像云一样简单自如，即便被外界干扰，但是依然能保持着平淡的心，让简单的生活打造出一份不简单。生活简单一点，才会把我们的生活演绎出真正的幸福，才不会让我们在职场中沦陷。只有简单生活，我们才会活出精彩，才能享受到真正的幸福。所以，从此刻开始，扬起我们生活的风帆向简单起航吧！

Spirit of Audrey

什么是幸福？创作获得成功时的满足感固然是一种幸福，我认为和理解自己的人一块儿生活也是一种幸福。

Part 4

永远都要瘦

饮食有方，事半功倍

节食比绝食更难。饮食适量需要头脑清醒，而滴水不进只需死硬的意志。

——苏多·麦克纳波

现代社会，由于生活水平快速提高，人们的饮食结构也在不断地发生变化，且每个人的生活方式也在发生巨大的变化。尤其是上班一族，她们为了赶时间都是边走边吃，晚上进餐之后，为了放松一下，她们会迅速打开电视、电脑，在虚拟的世界里发泄着一天的疲惫，饮食没有规律，运动量少，这些就很容易引发肥胖。然而现代人又以瘦为美，尤其是那些处在花样年华的女孩们，都崇尚“骨感美”，她们盲目地进行节食，以达到减肥的效果，其实刻意节食对我们的身体有很大的伤害，甚至可能引发一些难以治愈的疾病，给我们的人生和家庭带来很大的负担。

拒绝自己喜爱的食物

身材纤细的时尚女王奥黛丽·赫本从来不会因为瘦身而刻意节食，她的身材应该称得上完美，她的身材并不是节食打造出来的。她的饮食习惯很简单，也没有很特别的饮食秘方，她就是很喜欢意大利面，且每天都会吃。在当时那个年代，人们并不是很注重健康食谱，只是赫本按照自己喜欢的口味儿这么做。

对于赫本始终保持着苗条的身材，外界有很多的猜测，甚至还有人说她患有厌食症，这简直是太荒谬了。赫本的胃口非常好，有时她会吃下一整盘意大利面，也会在各种巧克力和冰激凌面前“大开食戒”。赫本在瑞士的家“和平之邸”种植了很多的蔬菜水果，这是她一天三餐中最重要的食物。当她不工作时，就会每天早上7点准时起床，吃一个水煮蛋、一片抹上黄油或是蓝莓果酱的全麦吐司，其中蓝莓就是自己所种植的。午餐时，赫本就会在自己的菜园中摘取一些嫩绿的蔬菜，然后做成美味的沙拉，再用橄榄油煎新鲜的青豆，这些都是赫本的家常菜。下午，尤其是午睡醒来，赫本一定会吃点美味的巧克力或是诱人的冰激凌蛋糕。

赫本的菜园中有一大片罗勒草，将这种草和洋葱、大蒜、芹菜和胡萝卜以及番茄混到一起时，就可以做成可口美味的番茄大蒜酱。将这种酱拌进意大利面中，再配上苏格兰威士忌，就成了赫本最爱的可口晚餐。赫本从来不会挑食，更不会因为保持苗条身材而去刻意节食，她几乎每种食物都吃。

合理饮食

经历过怀孕和心脏病之后，奥黛丽仍然保持清瘦的身材，接近五英尺七英寸的她只有110磅。

奥黛丽在家中的饮食非常简单。她每天吃新鲜的水果和蔬菜，很少用浓重的调料，还会摄入必要的蛋白质（蛋白质对跳舞的人尤为重要），但不会过量食用。她不会吃非常油腻的事物，因为脂肪会让人行动缓慢。

健康的饮食加上先天的遗传因素使得奥黛丽能够保持苗条的身材。她从不节食，而且饭量很大。

“在经历了饥饿的痛苦后，你就不会因为牛排烧得太老而拒绝食用。”

她曾说：

“我的体内似乎有一个天平。我的胃口很好，什么都吃，但是一旦吃饱了，胃部会像闸门关掉一样，我就停止进餐。”

“我的饮食丰富。想吃什么就吃什么。”

“我不会发胖，似乎是新陈代谢使然，天生如此。”

“我不喜欢吃零食，但是在正餐中就胃口大开，喜欢吃什么就吃什么。”

如果有人感觉自己很胖，想通过节食来减肥，来达到梦想中的身材，那么，就是对自己的身体不负责了。节食会让人身体内的各种营养物质达不到均衡，尤其是我们人体内所需的蛋白质、脂肪、热量等都得不到及时的补充，这样，会让身体的新陈代谢能力下降。如果身体的营养物质达不到均衡，那么我们身体的抵抗力就会逐渐下降。此时，各种疾病就会乘虚而入，严重损害我们的身体健康。

要知道“身体是革命的本钱”，所谓“条条大路通罗马”，女人想要保持完美的身材，想要拥有瘦削、苗条的身材，还有其他很好的办法，不刻意节食也能瘦的好方法，如多运动、改变饮食习惯等。

作为一个时尚界的范儿，赫本的姣好身材是很自然的饮食习惯造

就出来的，而不是靠刻意的节食。所以，想要瘦身的女孩们，应该学赫本这种自然饮食的生活方式，再根据个人情况，适当运动，就一定会拥有一个好身材，绽放女人的魅力！

Spirit of Audrey

让我们诚实面对这件事：一个美味的奶油巧克力蛋糕对很多人来说非常有用，对我而言也是。

舞动人生

舞蹈是有节拍的步调，就像诗歌是有韵律的文体一样。

——培根

现在，很多女性为了追求完美身材，用各种方法去瘦身、减肥。在“减肥一族”中，大多数人是选择用良莠不齐的减肥茶、瘦身衣和食疗减肥等各种方法。其实，舞蹈也是一种减肥方式，有些舞蹈，如芭蕾舞、爵士舞等不仅仅能体现一个人的才艺，也是一种有效的瘦身减肥的方式，更是一种锻炼身体、修身养性的方式。

与芭蕾结缘

奥黛丽正式学习芭蕾舞是在12岁。在二战期间，舞蹈教练是让人羡慕的职业，每次给一个小班学生教授舞蹈可以挣到一毛钱，而上课的工具仅仅是一台手摇留声机。在阴暗的地下室里，她用舞蹈来为反击纳粹战争募捐，而当时，观众的掌声很可能带来杀身之祸。

舞蹈牵引着奥黛丽在战后来到阿姆斯特丹，并最终进入位于伦敦西部的久负盛名的拉波特芭蕾舞学院深造。

在学校里，奥黛丽以她的性格魅力和执着精神赢得了老师的赞扬，但是，当时她最需要的并不是赞美，而是金钱。她频繁地奔波于音乐评论、客串模特和扮演电影中的小角色等兼职工作中。她并没有意识到舞台和银幕上的导演即将纷至沓来。

虽然她没有如愿以偿地穿上芭蕾舞短裙在伦敦著名的考文花园演出，但是芭蕾却让她了解到如何获得成功。

钟爱芭蕾

奥黛丽·赫本能够拥有好的身材，和她喜爱的舞蹈——芭蕾舞有着很大的关系。赫本曾经梦想着要成为芭蕾舞团的首席女演员，她很小的时候就开始专注于练习芭蕾舞。即便是在残酷的战争岁月中，赫本也依然不断地坚持练习芭蕾舞。

奥黛丽·赫本回忆她的芭蕾舞老师维加·玛洛娃时说：

“维加是我真正结识的第一个舞蹈家和朋友。她是个漂亮的世界级舞蹈家。她让来自阿恩海姆的稚气未脱的我相信我也能成为像她那样出色的舞者。”

赫本最喜爱的芭蕾舞老师，是世界上最著名的芭蕾舞老师之一——玛丽亚·拉波特。当战争结束后，赫本开始寻找她的芭蕾梦想，她找到了玛丽。赫本很诚恳地问老师：“我继续练习芭蕾舞来提升我的技艺，有没有机会成为一名出色的首席女演员？”玛丽亚感觉很遗憾：“你已经错过了练习芭蕾的最佳年龄阶段，不管你怎么努力，已经定型的动作基本上不会发生改变。”

赫本听了老师的话，心里有些难过，但是她依然坚持着练习芭蕾舞。赫本就是这种永远遵循自己原则做事的人。在赫本的演艺生涯中，她虽然在芭蕾舞这个领域没有太大的成就，但是，她却因练习芭蕾舞而练就了一个好身材，一种优雅的气质。

赫本回忆她的舞蹈老师玛丽亚·拉波特夫人时说：

“在跳舞时，很多技术性的动作都是通过良好的习惯造就的。即使在放松的时候，也不能懈怠。我学会这一点是通过我的芭蕾舞老师拉波特夫人。每当她看到我们交叉双臂或垂下肩膀，她就会用指挥棒敲一下我们的关节。学习舞蹈的人必须能够意识到自己的姿势是否优美。”

舞蹈，是众多明星追捧的一种才艺，同样也是很多舞蹈爱好者喜欢表现自我的一种形式。它还是很多爱美女性的一种减肥、瘦身方法。

舞蹈跟其他的减肥运动相比更加轻松有趣，也是消耗热量的最佳减肥方式。舞蹈不仅可以帮人减肥，还能提升人的气质，不仅让我们腿部、臀部更加美观，还会让我们的身材线条更加柔美，所以，想要减肥，变成瘦美人的女孩们快快加入舞蹈的行列吧，只要我们一直坚持下去，一定会成为一个身材姣好、气质不凡的女人！

Spirit of Audrey

作为演员，我可能不是一个常规意义上的电影明星，在我职业生涯中的每一个舞台上我都缺乏经验。我想要成为玛戈特·芳廷，我也希望成为一名舞者。

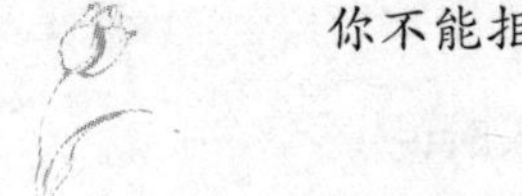

吃巧克力也能瘦身的秘诀

你不能拒绝巧克力，就像，你不能拒绝爱情一样。

——《一颗巧克力的心声》

巧克力不仅仅被人食用、送礼，还能被人们用来作为材料创作出令人惊艳的巧克力艺术品。但是，“巧克力”在有些女性心中已经变成了一种“肥胖的导火线”。然而，或许很多人都不知道，巧克力不仅仅能用在化妆品中，还有减肥的功效。

“巧克力是让人快乐的食品”

赫本从来不拒绝甜食，即便是非常的甜，她也会接受。她很喜欢在香草口味的冰激凌上放糖浆。此外，赫本在电影拍摄的间隙，会有午睡的习惯，每次在她午睡前，她都会吃一大块巧克力。她曾经说过："巧克力是让人快乐的食品，能够驱走忧郁。"

赫本在拍摄影片《罗马假日》时，吃巧克力甜食的数量让人惊叹。当时，著名服装设计师伊迪丝·海德看见赫本在拍摄影片的空暇时间一口气吃完了超大的奶油巧克力圣代，惊讶得说不出话来。在工作中，如果赫本感觉饿了，就会吃一些甜食，在生活中更是如此。赫本邻居多丽丝·柏连纳曾经回忆说："当我们两个人的丈夫不在家时，就是属于我们的快乐时光，因为我们会在香草冰激凌上浇上巧克力糖浆，然后吃个痛快！"

在空闲时间，赫本就会待在自己瑞士的家"和平之邸"享用自己做的美食。赫本是一个喜欢吃甜食的人，她对甜食从不拒绝，但是她也不会过量去吃。赫本的好朋友、知名设计师杰弗里·班克斯曾经这样说过："赫本什么都吃，但是从来不会过量。"是的，像巧克力这种甜食，不需要太畏惧，适当地吃一些会有益于我们的健康。

赫本也是一个热情好客的人，她非常喜欢用美食去招待自己的好朋友，只要一有时间，就会邀请几个好友来家里聚餐，尤其是晚餐。她会花很多时间去买各种不同的食材，在餐桌上铺上漂亮的桌布，放上鲜花，再摆放精美的瓷器和优质的餐具。接着，她会在餐桌上为好朋友们奉上刚煎好的牛排，再放上用新鲜翠绿的蔬菜制作而成的沙拉。此外，餐桌上通心粉和美味的巧克力蛋糕是一定要有的，餐桌上的这些食物就如同赫本漂亮的脸颊，美味诱人。

除了吃，还能美容

巧克力是一种由可可粉制成的甜食，它不但口感细腻甜美，而且还具有一股浓郁的香气，让人无法抵挡它的诱惑。巧克力体积小、热量多、味甜可口、营养丰富，除了可以直接食用，还可用来制作蛋糕、冰激凌等。此外，它还是爱情中不可缺少的主角。

现在，巧克力已经不是一种单纯的甜食了，它还可以运用到护肤品中，其中，黑巧克力还可以帮人达到减肥的目的。

巧克力中含有苯酚复合物，这种复合物被人们食用后，可以很快地被人体的血管吸收，同时，这些苯酚物质还可以起到保护血管以及保持血液畅通的作用。此外，巧克力里还含有大量的苯乙胺，所以，吃完巧克力的人，其食欲会有所降低，而且很容易集中精力。巧克力还具有减缓压力、加快新陈代谢的作用。此外，巧克力中还含有儿茶酸，其含量和茶里的含量同等，儿茶酸不仅能增强人的免疫力，而且还可以预防癌症以及干扰肿瘤的供血。

其实，巧克力还是一种抗氧化食品，对延缓衰老有很大功效，所以，每个人适当地吃一些巧克力，可以让我们老得慢一些，让青春之花绽放得长一些。也许有人还不知道，巧克力还是一种“助产大力士”，它含有丰富的碳水化合物、脂肪和蛋白质以及各种不同的矿物质，很容易被人体吸收。尤其是产妇，在产前多吃一些巧克力，会帮助女性顺利分娩，这对母婴来说是非常有益的。所以，适当食用巧克力是有很多好处的。而你知道吗？巧克力除了能吃，它还可以当化妆

品使用。

目前，市面上的“巧克力”系列护肤品也开始被不少爱美女性所接受。因为巧克力热量高，又是纯天然，所以，它很容易被皮肤吸收。由于巧克力中含有维生素B2、钾、镁等矿物质成分，而这些成分能够激活、唤醒我们身体的细胞，可以让身体上的细胞全面吸收营养，使得我们的肌肤富有活力。所以，巧克力不仅能吃，更能外用，可以说巧克力不仅是一种好甜食，也是一种天然的化妆品。此时，原来闻巧克力色变的女孩是不是有点爱上巧克力了呢?

现在看来，巧克力除了能食用，能做化妆品，它更有减肥的功效，如果你不相信可以了解一下巧克力中的黑巧克力，这种巧克力就具有减肥的功效。

可可含量为75%的黑巧克力，不仅可以满足你对甜食的欲望，还可以适当地控制你的食欲，黑巧克力间接地达到了减肥的功效。其实，每100克巧克力中，就会有516千卡热量和近6克的膳食纤维，以及丰富的维生素、微量元素。如果一个人每天吃约30克的巧克力，就等于吃了一碗米饭。

黑巧克力在口味上给人的满足感和可可的质量是成正比的，黑巧克力中的可可含量最好是在75%左右为宜。这样对减肥更有效。

选择好的巧克力，用正确的食用方法，你一定会在甜蜜浪漫的巧克力世界达到减肥目的，爱美的女孩们，你们就不要再将巧克力拒之门外了，放心地接受吧。你不要再怀疑了，时尚女王奥黛丽·赫本早已经证实了巧克力的魅力了。

赫本很早就知道巧克力的魅力所在。可以说，她优雅的气质和姣好的身材，与她爱吃巧克力是有很大关系的。那么，你还依然会说“巧克力不能吃吗”？

Spirit of Audrey

我从来不会为身材特意控制饮食，而是推崇健康有节制的饮食安排。不管多么美味的食物，我都不会过量食用，对快餐食品坚决地说“不”。

成就好身材的锦囊妙计

适度，不是中庸，而是一种明智的生活态度。

——报摘

对于女性来说，完美的身材意味着什么，它到底有多重要呢？央视著名节目主持人徐俐曾经说过：“幸福是一种能力，女人首先一定要修炼自己，让自己拥有完美的身材和气质，好的性格让自己成为一个可爱的女人，让自己值得被宠、被爱、被呵护。”是的，一个女人除了具有良好的性格，还要拥有完美的身材和内在的气质，才能在生活和职场中崭露头角，受到众人的欢迎。

每次当你穿梭在华丽敞亮的人型商场中，或是徘徊在繁华喧闹的都市大街上，你会看见很多气质高雅、面容姣好、婀娜身姿的女人，你或许在想“太完美了，她们一定有什么秘诀吧”。其实不然，当你真正了解到她们的生活方式和习惯，你就不会那么惊讶。每个人生活在不同的环境中，所以，每个人都会呈现出不同气质。关键是作为一个女人，你首先要了解自己，针对自己自身的特点，再去不断地完善自己。你自身的气质和体型自然就会逐渐趋向完美。

奥黛丽·赫本，几乎接近于完美，她的身材不是现代人所崇尚的“性感”身姿，但是，她以独特的穿衣风格，将她的身材恰到好处地呈现在世人面前。赫本的身材源自于很多方面，她出生在一个战乱时代，在童年时代遭受过饥荒，导致营养不良，身体发育也随之受影响。

赫本的上半身，尤其是胸部，相对平均水平来说是非常瘦的，她的腰部很纤细。赫本在青春期有哮喘病，这也影响了她身体的正常发育。不过，芭蕾舞的训练对赫本的身体发育有着重要的影响，虽然她的上半身很瘦，但是她的手臂和腿部是非常坚实有力的，这就使得赫本的身材整体看起来很匀称。赫本的身材除了外界环境和芭蕾舞的影响，她还有良好的饮食习惯，在闲暇时间，她会制作各种科学合理的食物，并在生活工作中保持愉快的心情。

你不知道的瘦身秘密

生活在21世纪的女性，想打造好身材，就应该知道保持好身材的几大秘密。

瘦美人爱吃“体大密小”的食物

身材瘦的人经常吃一些水分含量高的食物，如水果、蔬菜等，以及煮熟的粗粮，这些食物中含有的热量低，很容易让人产生“饱腹感”。这些食物中富含很丰富的纤维素，一个新鲜的苹果中含有3克纤维素，一杯麦片中大约含有6克纤维素。懂得饮食的瘦美人每天会吃这些低含量高水分的食物，这样会让人吃得很舒服。

瘦美人们的早餐会是很多的汤或者沙拉，在正餐时就会自然吃得很少。这样不仅会有饱的感觉，而且摄入的热量也很少。所以，想要瘦身的女孩们要尝试一下这种饮食习惯哦。

瘦美人关注食物的分量

瘦美人们在进餐的时候，总是很留心观察吃什么样的食物以防变胖。

她们在饮食上有自己的一些小策略：如在餐厅中只点一种招牌菜，大多会选择一些冰冻食品。此外，她们通常不会去家庭式大分量的餐厅，这样会无意识地增加热量和饭量，她们在进餐时会选择偏小的盘子，不要小看这小小的细节，这样会在无形中阻止热量的增加。想要瘦身的美眉们平常在进餐时要注意啊。

瘦美人把自己视为第一位

知名的注册营养师安妮曾经说过：“不肯把自己放在第一位的女性，她们生活的全部就是给予，尽管这并不是一个错误，但是，有时你需要把自己放在第一位。”婚姻中的女性总是将最好的东西都给孩子和爱人，而把自己晾在一边，其实，适当地把自己放在第一位，也是对自己的一种尊重和爱护。

瘦的女性不仅仅在饮食搭配上恰到好处，而且会经常运动，如练习瑜伽、晨跑等，这些都是保持苗条的妙方。

瘦美人不会选择“不吃饭”

通常，身材好的人是不会等到肚子饿到抗议要吃饭的时候，才去进餐，如果太过于忙碌，也不会让自己饿得太久。心理学家史蒂芬曾经说过：“不吃东西最容易导致人失去对自己的控制。”

因为，人过于饥饿，就会在吃东西时过量，形成暴饮暴食的不良习惯。著名剧作家艾利斯奥尼尔非常了解这一状态：“不吃饭对我来说很致命，因为我变得非常饿，而我再也无法忍受。当我开始吃东西时，就很容易暴食。”所以，本想要变得很苗条，不吃饭反而会适得其反。而那些真正身材苗条的美眉们，是不会选择不吃饭的。

瘦美人会有节制地选择

每个人都需要多种食物来吸收不同的营养，营养学教授芭芭拉·路斯认为，每个人的选择越多，那么，我们就会吃得越多。这种状况和“感官满足”有着很大的关系，就像我们吃了很多的面一样，吃完后就会感觉很饱，但是如果再来点自己喜欢的小甜点，就会感觉胃还有一定的空间来装甜点。所以，当我们在选择食物时，尽量少选择一些，应该做到有节制。想要瘦身的美眉们在选择进餐前，一定要做适当的选择。

拥有好身材的女人除了以上这几种瘦身秘密之外，其实还有一种，就是遗传。在身边，我们会发现有的女孩不管怎么吃都不会发胖，当我们和这样的朋友在一起吃饭时，看着她们随心所欲地挑选自己的最爱，而我们只能有节制地选择，这时，心底就会不自觉地产生嫉妒羡慕恨的心理。不过，这也没办法，想要保持好身材，就得有付出。所以，亲们为了拥有完美身材，一定要有节制啊。

成就好身材，就应该健康地吃，多做一些运动，养成良好的饮食习惯和生活规律，过一种有节制的生活。如果瘦身成功了，我们苗条的身材、健康的肤色和高雅不凡的气质，会让每一个人因我们的变化而震撼。

每个女人都想拥有好身材，都想更有魅力。如果说，博学多才、修养是魅力的根本，那么漂亮的容貌、姣好的身材则是魅力的表现形式。想要更有魅力和气质，就打造好我们的身姿和形象。姣好的身材，完美的外形，会让我们的人生之船行得更远。

Spirit of Audrey

对于食物、身材或其他方面你必须要尽可能地从容一些，否则就会成为这些习惯的奴隶。也许你会拥有靓丽的皮肤，但是却变得像个麻木的机器人。

不用花钱也能瘦身

人生不要光做加法。在人际交往上，经常减肥、排毒，才会轻轻松松地走以后的路。

——余秋雨

随着当今经济的迅速发展，人们的生活质量不断地提高，一些高脂肪食品走进每一个家庭。所以，现代人的体型比之前更加丰满，尤其是女性，嫌自己过于丰满，就会在节假日花大价钱去健身房，或是买各种减肥瘦身产品，以此来去掉身上多余的赘肉，让自己变得苗条纤细。其实不然，不需要这么破费，只要注重生活中的细节，就会像奥黛丽·赫本一样变成窈窕淑女。

散步也瘦身

奥黛丽·赫本的身材看上去近乎完美，很多人认为她应该有独特的瘦身大法，其实不然，赫本既不会像如今很多明星或是时尚佳人那样，在健身房中一掷千金，尝试各种时下热门的健身项目，或是高薪聘用一些出色的健身教练，专门为自己设计一套健身瘦身方案。赫本不像我们想象中那样是一个运动达人，她平时很少参加运动，赫本除了在饮食上保持良好的习惯外，那么，她这样一个平时不运动的人是怎么保持自己的苗条身材的呢?

赫本瘦身的一大方法就是散步，对，没错，就是散步！赫本的散步并不是我们想象的那样是在闲暇时间，手拿一本杂志，优哉地在晴朗的天气中走来走去，而是真正地快走。当赫本不工作的时候，她就会在心爱的和平之邸享受自己的幸福生活，每天赫本都会牵着喜爱的小狗们去公园散步。每次狗狗们在前面狂奔，赫本就会飞一般地在后面追赶，这不仅仅能增进她和宠物的感情，也让赫本达到减肥瘦身的效果，可以说是一举两得。

赫本曾经这样说过："我是一个彻底不喜欢运动的人。"这和今天很多美眉都一样。可能我们会抵挡不住健身广告的诱惑，花很多钱办上一张昂贵的健身房年卡，刚开始我们都很感兴趣地定期去参加，可是越到后来我们就不再坚持定时去参加，甚至有时感觉那是一种束缚。所以，赫本宁愿在海边的沙滩上或是乡间的小路上，呼吸着大自然的新鲜空气，随心所欲地散步。

赫本散步中的快走，已经不单单是她锻炼身体的方式，也成为她的一个爱好。她很喜欢散步，不管是走在哪里，她都宁愿走路，因为她觉得这样会省去很多麻烦的事情。可能会有很多女生感觉很怀疑，会说："为什么我也天天散步，但还是没有瘦下来啊？"那么，我问你，你的散步有质量保证吗？你知道赫本的散步方式是怎么样的吗？那么，我们就来看一下时尚女王赫本的散步诀窍吧。

赫本散步时，速度非常快，就连身材魁梧的大儿子肖恩和她一起走路时，有时也得小跑。事实上，走路快慢因人而异，并没有一定的标准。当你觉得心跳加快，身上微微冒汗，但是依然可以和别人平和说话，不会出现呼呼喘气就好了。快走比慢走要相对消耗更多的脂肪热量。我们身体内的脂肪通常在肝脏和肾脏等内脏器官，这些脂肪一旦过量就会引发脂肪肝、糖尿病等疾病。所以，快走不仅能瘦身，也有利于我们的身体健康。

此外，如果我们能坚持快走，时间一长，我们的小肚腩和粗大腿就会明显消瘦下去。曾经有科学试验证明，快走比慢走更容易消耗我们体内的热量。如果我们还有所怀疑，我们可以将年轻时的赫本与中年时期的她做一个对比，当我们细心观察时，就会发现赫本原本就很平坦的小腹和纤细的腿部线条始终没有改变，这就是赫本一直坚持快走的直观原因。

在我们快速走路时，也不能忽略了走路的身姿。赫本在快速走路时，总是抬头挺胸、收紧小腹、脊背舒展。她的这种正确的走姿正是她曾经练习芭蕾舞时的习惯，也是快走瘦身时应有的走姿。当我们也开始尝试这种快走的瘦身方式时，不仅仅能锻炼我们的身体，也能达到理想的瘦身效果，可谓是一举两得。

虽然散步可以减肥瘦身，但还是应该把控好时间，每次快走的时间不宜过短，这是非常关键的一点。赫本每次散步都是不少于半小时。通常，我们快走时最容易消耗掉的能量就是来源于我们体内的糖分，快走20分钟后，我们体内的能量才会有脂肪供给。如果我们想更快地达到瘦身减肥的效果，最好坚持每次快走45分钟以上，那么，我们身体上的脂肪就会大大减少了。所以，那些每次快走坚持不到半小时的美眉们，不要再埋怨自己整天散步却没有瘦下来了，因为你每天只走十几分钟甚至更短，虽然你也消耗了一点糖分，但是那些糖分还是会在你饮食中慢慢补充回来的，而你身体内那多年来的“脂肪元老”们依然一动未动！

也许有人说，快走这种瘦身减肥方法简直是太好了，这种既简单又不用花钱的瘦身方式，是很容易做到的，但是能一直坚持保证质量和时间的快走又有多少人能做到，不管是做什么，都贵在坚持！然而，赫本做到了，只要她不工作，她就会天天去散步，天天坚持快走。有关专家建议，快走每周至少要坚持进行三次，而且前后两次的快走时间间隔最好不要超过48小时。不然，减肥的效果就不明显了。

快走比起花钱定期去健身房和绞尽脑汁去买市面上的减肥瘦身产品要好很多，它不仅经济实惠而且也是一项简单轻松的减肥方式，所以，当你每天上、下班坐车时，可以提前几站下车，尝试着快步走，这样不仅锻炼了自己的身体，也可以帮助你达到减肥瘦身的效果，两全其美，何乐而不为呢？

Spirit of Audrey

我不是一个生活规律的人，也不是需要充足的睡眠来保持皮肤光泽的人。我喜欢散步，喜欢呼吸新鲜的空气，我的睡眠质量很好，我需要八到九个小时的时间来彻底放松。我偶尔也会午休，但是没有午休也不会让我崩溃。我的生活中没有什么规则和方法，我只做自己必须做的事情，然后顺其自然。

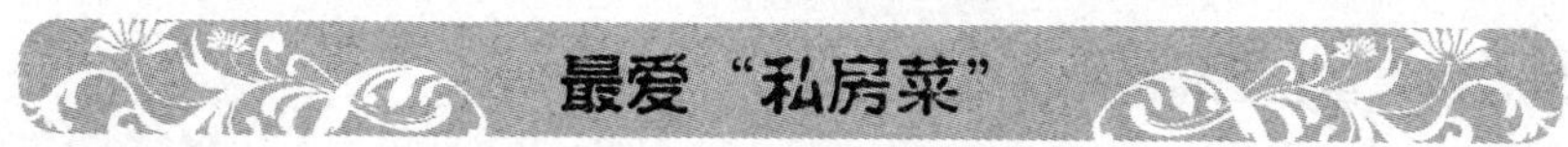

最爱“私房菜”

节制饮食者永享康乐，暴饮暴食者疾病缠身。

——印度古代泰米尔族诗人瓦鲁瓦尔

私房菜，可以说是一种没有牌照、没有固定菜单的菜肴。它起源于古代深宅大院中的美味佳肴。在当时，那些官宦巨贾们出现了一种“家蓄美厨，竞比成风”的现象，这些人的闲暇时间的喜好就是“吃”，而那一道道各家的名菜就在人们的“吃品”和各家名厨的共同作用下产生了。因为每道菜都具有各自的特色，所以，“私房菜”就这样渐渐形成了。

不过，关于私房菜的来源有两种不同的说法，一种说法是，私房菜源于清末，是在很私密的地方，如自家的厨房里炮制出来，是一种没有派系的菜肴。现在很多的名菜都是从这里演变过来的，比如谭家菜、孔府菜、段家菜等。另一种说法是，私房菜是官府菜的一种延伸，私房菜就是这些官府人的财富与身份的象征。其实，不管私房菜是怎么演变而来的，它的背后有一定的文化。而现在人吃私房菜，不仅仅是在吃身份，同时吃的也是一种文化。所以，私房菜更是一种文化积淀。

后来，私房菜不再是自家独享菜肴了，慢慢地，很多地方都出现了私房菜馆，并受到很多人的喜爱和推崇。的确，“私房”两个字，本身就包含了很多不为人知的隐私，存在着很多的诱惑和期待。所以，如今的私房菜也是遍地开花了，只要你喜欢饮食，更喜欢研究“吃”，那么，你也会做出别具特色的私房菜。时尚女王奥黛丽·赫本，就有自己独特的私房菜。

“赫本式”的私房菜

奥黛丽·赫本拥有姣好的身材，和她平日中的饮食有很大的关系。赫本只要有空闲的时间，就会在厨房中精心制作她最爱的私房菜。赫本最爱的食物是意大利面，她基本上每天都会吃意大利面。在赫本的生活中，各种各样的意大利面，几乎是不会重复的，其中，番茄汁拌意大利面是她的最爱，她一周至少吃一次。除此之外，赫本还喜欢香蒜沙司和蔬菜沙拉酱。赫本会加上自己独有的秘方，经过她改良后的食物就变成“赫本式”的私房菜了。

番茄汁拌意大利面

赫本的原材料包括1个洋葱、2个蒜瓣、2根胡萝卜和2颗芹菜，有了这些原材料之后，赫本会将它们全部切成碎片，然后放在一个罐子里。再加上两罐意大利番茄酱，或是两个切碎的罗马西红柿，同时还要放进半把新鲜的罗勒叶，加入一些橄榄油。材料准备齐全之后，用小火炖45分钟，再冷却15分钟。这样，赫本特制的番茄汁就成了。

接着去煮意大利面，不能煮得太熟，要煮得有爽脆的口感。之后，在意大利面上洒上雷吉纳地区的干奶酪和余下的罗勒叶，再浇上赫本特制的番茄汁。爽口美味的番茄汁拌意大利面就做成了。听着这些，现在的你是不是已经忍不住要流口水了呢，现在，你也可以尝试学着赫本的菜谱做了，满足一次你对意大利面的渴望。

似乎，赫本式的番茄汁的酱汁有些太多，不过这是赫本最爱的一道私房菜。赫本认为，意大利菜的秘诀是材料一定是新鲜的，每一种配料都要在最短的时间内准备好，这一点和法国菜有很大的差别。赫本曾经说过：“贵族皇室创造了法国菜，农民创造了意大利菜。”可见，时尚女王对世界各国的菜系研究得非常透彻。

香蒜沙司

赫本有自己制作的意大利面调味的香蒜沙司的独特秘方，她的亲朋好友就将赫本的这种配方叫作“奥黛丽香蒜沙司”，它的基本原料是大蒜、芹菜、罗勒叶、橄榄油和意大利干奶酪。赫本做的沙司和其他的沙司相比，水量很大：将大量的意大利芹菜和罗勒叶洗干净之后，放进搅拌机中搅碎，然后根据个人喜好和口味加入大蒜、脱脂牛奶、适量的橄榄油和干奶酪，然后再继续搅拌成浓稠状，最后，“奥黛丽香蒜沙司”就做好了。

赫本，可以说是一个完美主义者，为了让一顿餐更加丰盛完美，她一般还会配上一些蔬菜沙拉。而沙拉酱也是赫本自己亲手制作而成。

蔬菜沙拉酱

赫本不管在工作中还是生活中，总是遵循着自己的原则，在美食上更是如此。她特制的蔬菜沙拉酱是这样做出来的：将90%的米和葡萄混合制作成醋，加上10%橄榄油和少量的低钠酱油，以及一些新鲜的胡椒。赫本式的蔬菜沙拉酱就制作而成了。

赫本除了喜欢自己亲自制作的美食外，还会适当地吃一些甜品，此外，她从来不吃快餐食品。赫本是一个很注重饮食的优雅女人，她可以称得上是一个“美食达人”了。

能制作一手美味私房菜的女人，一定会得到更多人的喜欢。

Spirit of Audrey

我的体内似乎有一个天平。我的胃口很好，什么都吃，但是一旦吃饱了，胃部会像闸门关掉一样，我就停止进餐。

Part 5

要爱情更要友情

爱是一种行动

爱，和炭相同，烧起来，得想办法叫它冷却。让它任意着，那就要把一颗心烧焦。

——莎士比亚

《圣经》上说："孩子们啊，不要单在口头上说爱人，总要以真诚的行动表现出来。"是的，爱是一种行动，它既有现代流行歌曲中吹捧的那种微妙的小情绪，远远胜过一见钟情，也有少女心中懵懂的情窦初开，也有因爱而整天多愁善感的情愫，爱应该由我们的行为显露出来。爱情除了是一个眼神、一个微笑、一句关心体贴的话语，它更是一种行动，是一个人的行为举止，更是一种奉献！

在我们每个人的成长历程中，心中都产生过爱的萌芽，不管是学生时代的青涩爱意，还是长大后的甜美热恋，还是"在摇椅上慢慢变老"的长久爱情，我们都了解爱的含义，只是每个人对爱的感受有所差异。喜欢一个人，爱上一个人不需要理由，但是，一定要付出行动来证明自己的爱。爱一个人，并不是我们口中常说"I LOVE YOU"，在爱的过程中，即使说上万遍"我爱你"，也没有用实际行动为对方做一件让其感动的事情有效。爱需要付出，它是一种牵挂，更是一种对彼此的包容。

相爱中的两个人，并不是每天像蜜饯一样黏在一起，但是一定要保持一定的联系，否则时间会疏远两个人的感情。爱也不需要每天都有浪漫情调，因为天天处在浪漫环境中，就会厌倦，体会不出真正的浪漫，但是，如果在一起时，就应该懂得浪漫，用自己的实际行动营造出一种浪漫气氛，此时，一点爱的小动作，就会成为人们爱的调和剂，让爱情更加甜蜜温馨。如果真的爱了，一定要用行动去证明。

爱，需要体验

奥黛丽·赫本在一生中经历了三次爱情，虽然前两次以失败告终，但是，她依然享受到爱情过程中的甜蜜和幸福。她的第一任丈夫是比她大12岁的美国电影制片人梅尔·费勒，他们在热恋中时，只要有时间，赫本就会亲自下厨为费勒精心制作各种美食。他们会在闲暇时间一起共进晚餐，烛光、音乐和红酒，还配上红色的餐布，在这浪漫迷人的环境中，赫本体验到了爱情的甜美。

虽然，赫本的这次婚姻在1967年走到尽头，但是，爱情中的那种浪漫情怀依然萦绕在她的脑海。之后，赫本又遇见了心理医生安德烈·多蒂，这一次婚姻最终也以失败而告终，但是，赫本在这次爱情中，还是得到了很多的欢乐。尽管这两次爱情都失败了，但是她依然相信爱情。最终，她还是找到了一生中“灵魂的伴侣”——罗伯特·沃特斯。赫本和罗伯特之间的感情让她又重新点燃了对生活的希望。

她曾经对自己的儿子肖恩说过这样一句话：“爱不仅仅是坐下来谈话，它是一种行动。我们生下来就具备了爱的能力，但是，我们还必须去锻炼它，就像我们去锻炼其他的肌肉一样”。赫本的爱情虽然很坎坷，但是，她始终用自己的行动去影响别人。

爱情是一个行动，一个过程，而不是一个结果。只有亲身去体验，去感受，才能知道爱情的真味。爱情与年龄没有太大关系，少年不一定不懂爱情，一个年迈的老翁也不一定就懂得爱情的滋味。如果一个人在爱情中，不去积极地经营，只是消极地去等待，那么，就永远也不知道爱情的美丽和神圣。所以说，爱情是一个行动，一个过程。

爱情是一种特殊的情感，在爱上一个人时，我们就会对自己的生活充满了幻想，在爱的过程中，我们高兴快乐，我们为自己所爱的人付出一切，甚至会做出很大的牺牲。我们在爱的过程中，会得到很多，只要真心地爱过，为爱付出了行动，即便在爱情中失败了，也是最大的赢家，因为我们获得了人生的最大的财富。

在爱情里面，没有赢家和输家，一旦爱了，就应该投入地去爱一场，爱情中的两个人，投入最深最真的那一个人是最快乐最幸福的。因为他（她）爱得真实，爱得彻底，真正地体验到了真爱，懂得了爱的真谛。爱情，是一种彼此的相互付出，是享受一份美好的过程。即便最后分开了，在彼此道一声珍重后，我们依然是幸福的。在我们人生的道路中，曾经的过往将会成为我们温馨的回忆，为我们的人生增添一道靓丽的风景线。

两个人要想在爱的过程中获得真正的幸福，那就一定要付出，只有付出对等的爱，善待对方的爱，并彼此相互尊重，那么，我们每个人才会在爱中获得自由、幸福和快乐，每个人都将会是爱情的赢家。所以，每个人在爱的过程中要付诸行动，爱情的蓓蕾才会绽放美丽的花朵。

Spirit of Audrey

婚姻就是两个相爱的人决定共同生活。不管他们是否签订合约，他们之间都有出于信任和尊重而建立的神圣婚约。对我来说，结婚的唯一理由就是如此。如果不能在情感上或肉体上满足我的丈夫，或者他认为自己需要其他女人，我就不会抓住不放。我不是那种纠缠不清、让对方难堪的女人。

遗憾的初恋没什么

我们曾经为欢乐而斗争，我们将要为欢乐而死。因此，悲哀永远不要同我们的名字连在一起。

——伏契克

初恋那点事

初恋，是我们每个人都难以忘怀的一段情感，它是一种浓缩的纯情，虽然时间很短暂，却让人终生难忘。初恋是一杯美酒，让人终生陶醉；是一道彩虹，多姿多彩，永驻我们每个人的心田；是一条小溪，又胜过小溪，它纯净不含任何杂质；是一首美妙的夜曲，沁人心脾，让人遐想。当我们内心的某个角落，留有一个人的身影时，就打开了自己那颗懵懂纯真的心，从这一刻开始，这种最纯粹的最唯美的情感就开始慢慢在我们的心里萌发。而这一次的情感萌芽也成了我们人生中最美好的一段回忆。不管我们的初恋最终成了我们人生中的堡垒，还是带有一丝遗憾，它都为我们的情感记忆增添了一抹色彩。

初恋是一种解也解不开的情结。在我们情窦初开的年龄，或许会有人默默地喜欢我们，每天关注我们，虽然双方没有将“喜欢、爱”说出来，但是彼此都是那样的默契。那种无言的爱是那样神秘，遥不可及，这种初恋的感觉多是发生在十五六岁时，我们有时在下课的时候，常常装作无所事事地到处走走，其实不然，只是想看看对方脸上的表情是怎么样的，放学时，我们是否在对方座位前停留一会儿，为的就是能够“碰巧”一起走，那个时候，我们心中就会不由自主地泛起兴奋激动慌乱的情愫，而这种微妙的感觉便是初恋的味道。每当我们回想起来，心头是不是还有种甜甜的感觉呢?

当我们渐渐长大，那些曾经暗恋过我们，我们曾经暗恋过的人，都慢慢离开我们的视线，我们也变得成熟了，我们的感情富有了一种理智，当我们见到心爱的人，心中的那种欢快美妙不言而喻。会觉得世界万物都是美好的，都是纯真和善的，对自己做的任何一件事情都拥有力量和自信，心中的情感巨人会慢慢苏醒，觉得没有任何一个人能阻止你做任何事情。这个时候，我们想大声对自己钟情的人说："I Love You！"这种具有强大力量的初恋究竟发生在人生的哪个阶段呢？开始陷入甜美的沉思中？

后来，初恋在物欲横流的现实中，成为一种珍宝，接着它伴随着我们每个人走进了婚姻的神圣宫殿，当我们踏进婚姻的世界后，初恋就成了一种珍贵的回忆。我们不再年轻，多年之后，当我们蓦然回首，或许会感叹时光的流逝、容颜的褪色，唯独我们心中最纯真的初恋还依然年轻，依然风华正茂，它经历了岁月的打磨变成一种宝贵的馈赠了。

不管我们曾经的初恋怎样，无论是悲还是喜，是幸福还是遗憾，它都是一颗感情的种子，曾经发芽、成长过，每个人的内心世界都为之变得蕴藏深厚。多年过后，当我们回忆初恋的岁月，所有的悲喜恩怨遗憾都已经过去，留下的只有震撼我们每个人灵魂的美好旋律。这种美好的初恋美妙声音会提醒我们，不要将心中曾经的纯真丢掉，用一颗热忱的心去对待我们未来的爱人，以初恋的热忱去面对这个世界，面对自己以后的人生，它就成了我们每个人一生中的永恒！

来不及绽放的初恋

人们只知道奥黛丽·赫本一生中经历两次失败的爱情，但是对于她的初恋似乎就有些不知情了。赫本初恋是在21岁，那个非常幸运的男子叫詹姆斯·汉森，他和赫本恋爱时，是29岁。汉森是当时英国的一个工业家，出生于一个非常富裕的卡车制造业家庭，将来是这个家庭的继承人。他们刚认识就产生了爱慕的情愫，赫本曾经说过："当我第一次见到汉森男爵时，就有种一见钟情的感觉。"

詹姆斯·汉森为人诚实可靠，就是因为这样，才会让赫本认为他是一个理想的丈夫。但是这时，赫本的电影事业正处于起步阶段，她一直想要一个人来保护自己，她需要家庭，于是，赫本在《姬姬》刚演完没多久，就和汉森说："《姬姬》一拍完，我就结婚。"

但是随着影片《罗马假日》的巨大成功，赫本又赶着时间参加话剧《姬姬》的巡回演出，之后，她想到加拿大去看看汉森，但是却因为电影事业发展得如火如荼而没有时间。此时的赫本已经意识到，自己要继续电影事业，而她和汉森的关系及婚姻已经开始成为泡影。

随着赫本电影事业逐渐走到顶峰，赫本的母亲一直反对她和汉森的婚姻，最后，赫本忍受不了母亲施压，向母亲妥协，与詹姆斯·汉森的一切都成为过去式了。就这样，赫本因为《罗马假日》和母亲的施压而结束了她人生中的甜蜜初恋。赫本和汉森的初恋的蓓蕾，还来不及绽放，就这样被连根铲除了。

初恋是让我们每个人都匪夷所思的，或许双方没有任何交集，只是偶然的相遇，甚至是无任何关系的路人甲乙，但是，在彼此心里却早已经编织成一个微妙神奇的蓝天。初恋是最耐得住寂寞的，当我们都在不断地编织网的时候，彼此间的表白已经不重要了，只是甜美地沉醉在对方的关注中。她的一点点矜持，他的步步“精”心又戛然而止，这种感觉很美妙。我们似乎永远不想醒来，这种彼此拥有却又不打扰的朦胧的心境，如同水中的莲花，“可远观而不可亵玩焉”。

初恋，或许不会有结果，虽然可以每天仰望、欣赏、追赶着我们，也曾默默地为我们而改变，但是或许有一天，两人还会分道扬镳，这种爱恋最辛苦但是却又最甜蜜。

每个人的初恋或许曾经盲目幼稚，但是这种情感却是我们青春期的朦胧情怀，我们或许曾经幸福过，也或许，曾经留有很多遗憾，但是，这种爱恋都是一种纯真美好的感情。就如同何炅唱的那首《栀子花开》：“这是个季节，我们将离开，难舍的你，害羞的女孩，就像一阵清香，萦绕在我的心怀，栀子花开，如此可爱，挥挥手告别欢乐和无奈，光阴好像流水飞快，日日夜夜将我们的青春灌溉……”这首歌清新自然，不仅道出了校园的淡淡离别情绪，也隐隐述说了那种告别初恋丝丝忧伤的情怀。是的，也许我们的初恋曾经有过遗憾，但是没有什么大不了，现在就让这种带有遗憾的初恋伴随着这清新自然的旋律，永远地存进我们的记忆匣中吧！

Spirit of Audrey

我花了好长时间才找到像他这样的人，但是相见恨晚总比永不相见好。如果我在18岁的时候遇见他，我一定不会喜欢上他。也许每个人都会有这样的感觉。

赫本式的约会

毫无经验的初恋是迷人的，但经得起考验的爱情是无价的。

——马尔林斯基

约会现在已经成为青年男女生活的一部分，也是很多青年走向恋爱和踏进婚姻的一个必须经历的过程。而我们在约会过程中，彼此的第一印象是非常重要的，尤其是我们第一次约会，常常会决定着彼此继续交往和发展的基调。所以，亲们，第一次约会一定要重视哦。

第一次约会的时候，尤其是对于女生来说，有的女孩由于性格很内敛、很害羞，所以，当她约会时，就会心慌意乱，不知所措，就会不停地在自己的衣橱中翻来翻去地找衣服，不知选择哪一件衣服合适，当她还没选择好自己的衣服时，就开始在脑海中去想象见面时的情景和精心准备的话题，可是最终发现还是不知道该说什么，而此时乱成了一团，像蔫了的花一样，瘫坐在床边，毫无魅力可言了。

其实，在约会前可以做一下深呼吸，这样就会让紧张的情绪放松下来，不至于因混乱的思绪而失去理性，从而扰乱了我们的气场，实际上，当我们在为赴约不知所措时，对方说不定也在家里翻箱倒柜呢。总是担心自己不够完美，不够吸引别人，以上的问题是处在赴约中的男女们的正常心态。就连美丽天使奥黛丽·赫本也是一样。想知道时尚女王是怎么约会的吗？那就来看看赫本约会的妙招吧。

约会前要做好充分准备

赫本虽然天生丽质，但是为了在第一次约会时给别人留下最佳的印象，也会花上很长时间去准备。首先，赫本会在水中滴入几滴清香的沐浴油，然后很舒服地躺在散发出芬芳香气的浴缸中，快乐地洗个热水澡。沐浴油就是我们常见的精油，不仅气味清香、滋润肌肤，还可以舒缓紧张情绪和提神。还有的沐浴油可以使得美眉们产生积极快乐正面的情绪。所以，我们在约会前洗个热水澡，身心就会有种清新舒爽明朗的感觉。

洗完澡后，赫本开始化妆，寻找漂亮的衣服。赫本为了更完美的亮相，她会在自己的房间里准备上很长时间，直到她认为自己已经很完美了，香包和鞋子搭配得体，才会优雅地走出房间，快乐自信地将之前的顾虑的形象问题抛到九霄云外，然后高兴地赶去约会地方。

万人迷赫本的这种做法是非常值得我们学习的，也是很明智的选择。既然出门前已经将自己打扮得无懈可击了，那就要对自己充满信心，要相信自己是最美的。可是在我们现实生活中，有些美眉刚出门，就开始在想自己的衣服穿得合不合适，漂不漂亮，自己的小腿肚粗不粗，头发有没有被风吹乱，自己的妆画得好不好等，总是忐忑不安。如果感觉自己穿的衣服确实让自己不安，有些地方太容易走光，而且会凸显自己的小肚腩，那么从一开始，就不该这样穿。所以，亲们，当我们确定自己看上去很棒时，那么，就要对自己充满自信，不要再纠结这些了。相信自己是最棒的！只有自己感觉是最棒、最美的时候，对方才会感觉你真的很棒、很美！

守时很重要

不管我们是看偶像剧还是电影，当影片中男主角和女主角约会时，女主角总是要迟到几分钟，而女孩在约会中迟到10分钟，也被很多人认为是一种证明自己魅力的最佳时间点。也有的时候，美眉们迟到，并不是要证明什么，仅仅觉得女生约会迟到10分钟是应该的，会常说：“女人约会不迟到，那还叫女人吗？”其实不然，当你的约会对象和你关系已经到了很亲密的阶段了，那么，迟到10分钟没关系，甚至更长时间也OK，但是，如果是第一次约会，那么，你最好尽量不要迟到，要守时。在这种情况下，如果你能提前到达几分钟，那就最好了。

赫本最让人称赞的就是她非常守时，虽然她具有荷兰王室贵族血统，是世界国际巨星，但是她却从不迟到，更不会在人们面前耍大牌。赫本将这些行为看作一种礼貌、一种有修养的行为，更是对别人的一种尊重。所以，赫本在约会时，从来不迟到，会很守时。

其实，很多人在约会时，虽然定好时间和地方，但是可能会因为一些其他客观原因，比如路上堵车，或是找不到约会的餐厅等，无形中消耗了很多时间。所以，亲们，在约会时要适当给自己多留一些时间，以应对突发事件。如果你一路畅通无阻，一帆风顺，比约定的时间要早5到10分钟，那么，就可以从容淡定地坐在约定的餐厅中，稍作休息，以调整自己紧张的情绪，然后以优雅的状态等待着他的到来。当心目中的他刚好匆忙赶到，却看到女生已经自然大方优雅地坐在那里了，那么，他一定会在心里感叹道："这位守时、从容优雅的女生，真是很富有魅力啊！"

多做深呼吸

在约会中，每个女生都会有紧张情绪，这很正常，就连天使赫本也是如此，她在约会时也出现过手忙脚乱的状况，有时也会有糗事发生。1962年，赫本终于和好莱坞第一巨星加里·格兰特合作拍摄了电影《谜中谜》，因为之前格兰特认为自己年龄很大，不适合与年轻貌美的赫本在影片中扮演情侣，曾两次拒绝与赫本合作。但是这一次，格兰特终于答应与赫本合作了，就在电影开拍之前，他们决定见上一面，彼此熟悉一下，就约定在一家特色餐厅相见。

赫本因为第一次见到巨星格兰特，非常紧张。来到餐厅时，看见格兰特气度不凡，显得十分英俊光鲜。面对这位万人眼中的帅男，赫本兴奋得不知所措，内心也十分的不安。或许是为了遮掩自己内心的紧张情绪，赫本边说话边不停地打着手势，结果因为自己动作幅度很大，就将餐桌上的红酒打翻了，更糟糕的是红酒洒在了格兰特的西装上。此时，赫本快崩溃了，自己和他才刚刚认识，就做出这样的糗事。赫本在回忆这一段往事时笑着说："当时，我一直都在道歉，试图弥补，可是格兰特衣服上的红酒还是不停地往下流。"然而，格兰特只是平静地脱下外套，继续与赫本交谈。后来，《谜中谜》的导演将他们这个小插曲放在了电影中，只是红酒变成了冰激凌倒在了格兰特的西装上。

或许，你第一次和别人约会时，也会紧张，与赫本一样会出现一些小糗事。在约会之前感觉非常紧张时，不妨多做几次深呼吸，这样就会让紧张情绪得以放松。约会时，紧张很正常，但是不宜过度，因为你太过于紧张，别人就会在心里犯嘀咕"她是不是对我没感觉"或是"难道她和很多不同男士约会过"等猜疑。虽然约会时，小紧张可能会让对方感觉到你的可爱，但是过了头就会适得其反，所以，当你紧张时，就多做几次深呼吸吧。

不过，话又说回来了，当你正懊恼在约会中出现的糗事时，这或许是考验对方的一个最好机会，你可以凭着对方对你制造的糗事的反应来推断这个人是否有涵养和风度，这其实也是一个不错的小机会哦。

Spirit of Audrey

其实两个人聊得再投机，见面之后，还是外貌决定一切。外在决定两个人在一起，内在决定两个人在一起多久。

让爱情来敲门

这世界要是没有爱情，它在我们心中还会有什么意义！这就如一盏没有亮光的走马灯。

——歌德

在现代社会中，男男女女们沉浸在甜蜜的热恋中，然而这些甜美的画面或许会在某一天只能成为一种回忆，一个好聚好散的场景。有的人在恋爱中受伤之后，不再相信爱情，只是将它拒之门外，再也难以开启自己的感情之门了。

当你有一天遇到一个在冬天里将你桌上的凉茶换成热腾腾的奶茶的人，当你遇到一个在下雨天宁愿自己淋雨却跟你说“我还有伞”的人……你如果拒绝这个人，那你可能会终生遗憾。即便你曾经受过很多伤害，但是当真爱来临时，请你不要拒绝，要敞开你的爱情之门，拥抱你的真爱！

就是爱你

奥黛丽·赫本虽然有过两次失败的婚姻，但是她依然相信爱情。在她风华正茂时，她总是会有很多异性追求，为什么呢？因为她的个人魅力就是她的杀手锏。曾经有一个美国知名专栏作家问赫本：“是不是总会有很多衣冠楚楚的男子整天围着你打转呢？”赫本笑着说：

“应该是这样，但是我从来就不希望这样，从我17岁以来。”是的，每一个见到赫本的男人都希望第一时间将她约出来吃饭，然后在餐桌上商量结婚的各种细节，买单之后，就直奔教堂踏入婚姻的殿堂。这就是赫本的魅力，但是她却从来不会随意地去选择恋爱的对象，直到遇到才华横溢的电影人梅尔·费勒。

在家喻户晓的影片《罗马假日》的首映礼上，赫本的好朋友派克将自己的好朋友梅尔·费勒介绍给她认识，这个个子很高、风度翩翩、幽默风趣的男人赢得了赫本的好感。这个男人不仅仅是演员、导演，还是制片人等，可谓是才华横溢，这更赢得了赫本的芳心。而对于才华横溢的费勒来说，赫本踏入影坛以来就在他的心里埋下了爱的种子。费勒的双眸几乎是一刻也不曾离开过赫本，他总是情不自禁地说：“奥黛丽·赫本是全场最美丽动人的女人！”1954年，赫本先后拿到了两个奖项：奥斯卡奖和艾美奖，之后，她和梅尔·费勒踏上了婚姻的殿堂。

然而，随着赫本电影事业逐渐进入辉煌，费勒却从电影事业的高峰逐渐走下坡路了，最终他们结束了共同维持了14年的婚姻生活。后来，赫本经历了一段痛苦煎熬的时光后，又遇见了自己的爱情。她走出了第一段婚姻带给她的阴霾，遇见了人生中第二次爱情：安德烈·多蒂。可以说多蒂是幸运的，他当初的梦想成真了。多蒂少年时，跟着母亲到电影院看赫本的成名作《罗马假日》，这个十几岁的孩子看完电影后，就高兴地对母亲说：“将来我一定要娶电影中的那位美丽的公主！”多蒂少年的梦想终于实现了。1969年，赫本与安德烈·多蒂在瑞士举办了婚礼仪式。当婚礼结束后，赫本兴奋地给身在巴黎的好友纪梵希打电话说："我简直不敢相信爱情又降临在我头上了，我现在非常的快乐。"赫本虽然经历了一次失败的婚姻，但是她还是选择了爱情。虽然这次婚姻没有维持多久，但是，赫本并没有因此而消沉。

和普通女孩一样，赫本希望拥有一份真正的爱情，希望永远得到爱的滋润，也想和自己心爱的人厮守终生，也想拥有平淡快乐的婚姻生活，只可惜命运捉弄人，赫本的两次婚姻都是以失败而告终，虽然她付出了很多的代价，遭受了更多的痛苦，但是她没有被失败的婚姻击垮，依旧坦然地面对自己的生活。

珍爱一生

经历了两次失败的婚姻，赫本变得更加平和谨慎了。她与灵魂伴侣罗伯特·沃特斯是在好友康尼·沃尔德的家里相识的。两人刚开始认识的时候，几乎没有什么交流。当时罗伯特正处在丧妻的痛苦中，而赫本也遭受着第二次婚姻失败的痛楚，两人在康尼·沃尔德举办的悠闲安静的晚餐聚会中开始聊天。

他们彼此敞开心扉分享着自己的故事，赫本意识到罗伯特和自己一样，是一个非常可靠、值得别人信赖、也懂得感情的人，慢慢地，随着彼此的深入了解，赫本惊奇地发现，他们有着很多共同点：他们的童年在荷兰，都经历了第二次世界大战的动荡，都非常喜欢乡村的平静生活。除此之外，赫本和罗伯特在生活中都是比较注重细节的人，他们在陌生人面前都非常小心谨慎，但是在朋友面前都很幽默风趣等，这些共同点被赫本称作是“精神上的双胞胎”。

两人就是这样出奇的相似，最终，赫本在经历了两次痛苦失败的婚姻后再一次选择了爱情，再一次相信了爱情，她认定罗伯特是她生命中的真命天子。虽然他们两人没有举办华丽隆重的婚礼，但是他们却相濡以沫地生活在一起。也许真爱是不需要任何东西去证实的，只要两颗心紧紧地连在一起，形式就没有那么重要了。赫本和罗伯特始终不离不弃，罗伯特陪着她度过了她人生中最美好的12年时光。

赫本的爱情好像是爱神和她开了一次次玩笑之后，才让她找到最终的真命天子，伴随着她度过最美好的时光。她在爱情中经历一次又一次的失败，受到一次比一次大的痛苦，最后，爱神还是很眷顾她，让她遇见了人生中最完美的伴侣。可以说，赫本的婚姻是完美的，也许她前两次的失败是为她邂逅这一次真爱做铺垫的。如果赫本因为前两次失败的婚姻，而将自己的心门关得很紧，不再相信爱情，将罗伯特拒之门外，那么，她也许不会拥有终生的灵魂伴侣，更不会度过她人生中最美好的12年岁月。倘若赫本因为受到的伤害而拒绝了这一次的真爱，那么，或许她会在孤独中度过自己的晚年生活。

所以，曾经在爱情中受过创伤的美眉因此而不再相信爱情的话，就很可能会错过生命中的真爱，这样会让自己的人生留有很多遗憾。虽然我们常说“伤不起”，但是只有真正地经历了一次伤害，才懂得

爱情的真谛，才会更好地珍惜爱情。所以，在爱情里受过伤的人，不要再拒绝爱情了。遇到生命中的那个人，就不要将他拒之门外。

每个人的人生都不是一帆风顺的，只有经历过风雨，才能看见美丽的彩虹，才会彼此更加珍惜，只有在爱情中经历过创伤，才能体会到什么才是真爱。所以，亲们，当爱情来敲门时，你一定要悄悄地开门哦！

Spirit of Audrey

在恋爱和结婚的过程中，我一直有遭到离弃的担忧，这种担忧萦绕在我的每段爱情中。人最怕失去的往往是最珍惜的东西，你害怕它会改变。就像为什么我们在穿过街道时左顾右盼，因为我们害怕被撞到，但是我们还是要穿越街道。

友情比爱情有时更长久

我需要三件东西：爱情、友谊和图书。然而这三者之间何其相通！炽热的爱情可以充实图书的内容，图书又是人们最忠实的朋友。

——蒙田

有人常常在心中默默地问：友情和爱情，谁能更长久？在这个物欲横流的社会，人与人之间的感情不再像以前那么纯真了，或许都含有利益等复杂成分。

有的人认为爱情是可以天长地久的，是能够白头偕老的。但是，当初那些甜言蜜语、山盟海誓之后，有时也会分道扬镳，在信誓旦旦的爱情中，少不了撕心裂肺的痛与疼、伤与恨，那么，爱情的保质期究竟有多长呢？或许并没有人知道答案。然而，相对于爱情来说，友情会更长久。友情是纯洁的，是可以永恒的。

抓得紧，流得快

爱情就像手中的细沙，越抓得紧，它流失得越快，就算装满了杯子，它也还是要不停地流失。友情就像是一滴甘露、一贴药膏、一个避风港，当我们受挫时，伤心难过时，友情就是我们温暖的港湾。

对于很多女性来说，爱情是建立在一种特殊关系基础上彼此相互信任和欣赏的，是一种纯精神的，是让人轻松快乐的。友情是春天里和煦的春风，让我们感到宁静，彼此间相互倾诉，拥有心有灵犀一点通的美妙。或许会有人问道："友情和爱情谁能更长久呢？"

很多人会将友谊和爱情相比较，也有很多人认为友情和爱情是不能相提并论的，是没有任何可比性的。是的，这两种感情虽然性质不同，也没有任何可比性，但是，它们具有很微妙的内在联系，都是我们生活中不可缺少的情感。

友谊是一辈子的事，朋友就像一坛酝酿的老酒，越陈越香，当我们时不时地和往日的好朋友聚到一起时，心间存在着一种说不出的温暖，那种快乐幸福感不断地涌向心头。当我们心情烦躁、郁闷的时候，或许第一时间想到的是最知心的朋友，会到朋友那里寻找安慰，哪怕对方一句话也不说，只是默默地陪着我们，我们的心情都会逐渐变好，这就是友情的力量。

爱情再美好，都会有伤害我们的时候，当我们在爱情的世界中痛彻心扉时，友情就成了我们的心灵港湾，或许会有人说："爱情虽然有时会受伤，但是会留下美丽的回忆"，与其这样，还不如拥抱可以切身感受、随时都能触摸得到的友情，而且真正的朋友会伴随我们终生，哪怕相隔天涯，都会有若比邻之感。

有人会将友情看得比爱情更重要，也有人会持有相反的想法，不同的人拥有不同的想法，可能是因为每个人经历的两种感情的遭遇不一样。但是，对于很多人来说，友情比爱情更长久、更可靠。就如同范玮琪的那首歌曲《一个像夏天，一个像秋天》，这首歌不仅旋律优美，其歌词也是很有韵味，引人深省。如果没听过的朋友，现在不妨听听："如果不是你，我不会相信朋友比情人还死心塌地，就算我忙恋爱，把你冷冻结冰你也不会恨我，只是骂我几句，如果不是你，我不会确定朋友比情人更懂得倾听……"这首歌将友情的真谛慢慢述说出来，也道出了都市中徘徊在情感漩涡中人们的心声。

是的，在爱情的世界里，情人之间会计较得很多，如什么时候打电话，和什么样的朋友在一起等，都要一一详细向对方汇报。这样彼此会失去属于自己的自由空间，往往会出现很多矛盾，最终可能会导致爱情裂纹。然而，真正的朋友即使有矛盾、摩擦，经过一段时间，也会和好如初，重现欢声笑语。所以，很多人常常会说："友情会越来越好。"而在爱情中，矛盾越多越吵，结果可能会导致不欢而散。所以，友情常常会比爱情更长久。

友情中，爱是无私的，是宽广的，是不求回报的，而在爱情中，爱往往是自私的，双方都会有很强的占有欲，这样就会出现很多矛盾，因此，友情往往比爱情更长久！

爱情转移

在绝大多数女人的心中，想留住一个男人，维持一份真挚的感情是人生中最重要的事，而很多女人为了维持完好的婚姻可以推掉所有的事情。巨星赫本也是如此。

奥黛丽·赫本不管是对爱情还是友情都是非常珍惜的，她与第一任丈夫梅尔·费勒是通过朋友派克相识的。在1954年，赫本穿着圣洁的白婚纱和梅尔·费勒幸福地踏进了婚姻的殿堂。婚后，赫本和其他女人一样为了维持好和费勒的感情，不让聚少离多的影视生活影响到他们的婚姻，赫本挑选电影的唯一准则就是："不要把我和梅尔分开。"在这种原则下，赫本和费勒一起参演过很多电影作品，如1956年他们合作的电影《战争与和平》，他们俩在这部电影中扮演了男女主角娜塔莎和安德烈公爵。此外，赫本和费勒在1959年合作电影《绿厦》，这部电影是由费勒执导，赫本扮演女主角。还有1967年，由赫本主演、费勒担任监制的影片《盲女惊魂记》。这部影片一推出就在当时影视界引起轰动，这部影片也是赫本影视生涯中最能展现她表演功力的作品之一。

之后，赫本连续接拍了几部影响力很大的影片《甜姐儿》《修女传》和《蒂凡尼的早餐》等，她在接拍电影《窈窕淑女》时，其片酬已经高达100万美元，是继伊丽莎白·泰勒之后第二位拿到百万片酬的女星。可以说，这时赫本的演艺事业已经达到了巅峰，而其丈夫的电影事业却开始从顶峰逐渐下滑。在他俩合作影片《战争与和平》时就已经开始出现差距，赫本可以拿到30万美元的片酬，而其丈夫费勒只能拿到赫本片酬的六分之一。而后，费勒的电影事业下滑得很快，赫本的影视生涯可谓是如日中天。最终，费勒这位才华横溢、有抱负的男人再也忍受不了这种“女强男弱”的生活，终于在1968年与赫本结束了维持14年的婚姻生活。

爱情、婚姻或许没有一定的保质期，它随时都有可能让人跌入谷底。赫本一生经历了三次爱情，遭受两次失败的婚姻，但是友情却始终伴随着她，直到晚年。赫本从来都不冷落她的朋友，只要被赫本划入她朋友行列的人，她就会长久地认定这个朋友，并在很长时间里与她的朋友保持紧密的关系。赫本的朋友有她的经纪人库尔特·菲林斯、《罗马假日》的导演威廉·惠勒、影片《龙凤配》和《黄昏之恋》的导演比利·怀尔德及其妻子奥黛丽·怀尔德、法国高级时装设计师纪梵希。此外还有她银幕上的伴侣格里高利·派克、加里·格兰特、阿尔伯特·芬尼，除此之外，还有与赫本曾经多次合作的导演坦利·唐南，甚至还有她第一任丈夫梅尔·费勒的妹妹等。在赫本的朋友中，很多朋友都是赫本20岁刚出头时在好莱坞认识的人，与这些朋友直到她晚年还依然保持着亲密关系，他们总是在一起聊天喝茶。

赫本这么多朋友中，派克和纪梵希这样的知己一直伴随到赫本晚年，他们时常在一起分享各自的快乐，也一起分担彼此的忧愁，这种朋友是多么的难得！

在我们每个人的生活中，总会有不同的人从身边走过，有的人只是匆匆过客，有的人走在中途成了爱情伴侣，而有的人则成了终生的知己。当我们的爱情逐渐褪色时，能陪我们走到最后的是多年的知己，所以，请珍惜我们身边的每一个朋友吧！

Spirit of Audrey

爱情总是伴随着风险，我们应当维护爱情的实质——爱不是一时的冲动，而是长久的考验。

纯洁的友情不分男女

既然我们都是凡人，就不如将友谊保持在适度的水平，不要对彼此的精神生活介入得太深。

——希腊悲剧作家欧里庇德斯

有一种异性，会怕你总是孤单的一个人，催你快去找自己生命的另一半，但是又担心你找到之后，不能像从前那样无话不谈；有一种异性，不是因为爱慕你而靠近你，他会义无反顾地对你好，并不要求得到任何回报，只因你们是死党、哥们儿；有一种异性，在你心里占有很重要的地位，但是，你们就像一杯白开水一样透明纯洁……这就是友情，这就是一种纯友谊。

不过，在很多人眼中，异性之间没有纯洁的友情，看到异性之间走得很近，大家就会认定那是“情侣”，这种看法未免有些世俗了。真正的纯友情是相知的，也是可以像爱情一样浪漫的。朋友之间的那种相知就像浪漫一样，是一种感觉和想象，带着一种朦胧感，在彼此的心里保存一份纯洁的思念和牵挂。而这种纯洁的友情在现实生活中又是如此的难能可贵。

一生的挚友

奥黛丽·赫本虽然遭受两次婚姻失败的痛苦，但是她一生中的友情让我们每个人都很羡慕。她的朋友有很多，异性间的友情也不少，其中为人们看重的就是她与“时尚巨人”纪梵希之间的纯友谊。

赫本和纪梵希的友情要从1953年的偶遇说起。当时，已经名声大噪的纪梵希突然接到一个电话说赫本正在法国巴黎，想与他见面，讨论能否在下一部电影中合作。纪梵希以为即将和自己见面的人是名声显赫的凯瑟琳·赫本，当他打开门的时候才发现，原来是因影片《罗马假日》而一夜爆红的奥黛丽·赫本。他们因为这次略有误会的会面而结交成好朋友。

1961年，当奥黛丽·赫本穿着纪梵希为她设计的黑色裙装，出现在电影《蒂凡尼的早餐》中，她别具一格的着装风格和高贵的气质，被人们所追捧，纪梵希为她设计的那件黑色裙装连同赫本一并成为电影史上不朽的传奇。赫本与纪梵希的梦幻组合，成为20世纪60年代时装界的优雅典范。

纪梵希不单单是赫本多年来的服装提供商，更是赫本一生的挚友，他们之间的友谊与艺术上的合作一直保持了终生。纪梵希和赫本的纯洁友情一直没有改变，他们的友情甚至比赫本的任何一次婚姻还要长久。这是多么可贵、纯洁、让人羡慕的友情啊。

打开心扉，迎接他

在每个人的生活中，可能会遇到很多的朋友，有的朋友是一时之交，而有的朋友是一世之交，会有同性朋友，也会有异性朋友，可以说，友情不受限制，它可以存在于长幼之间、同性之间、异性之间，甚至可以跨越国界和地域。不管是哪种朋友，只要彼此真诚相待，那么都是最纯洁的友情。

当我们回望自己的那份友情时，会真正明白：友情是自然的感觉，它不含有任何的欲望，也不会太依赖满足于未来。钱钟书先生关于友情的比喻，真是触及到每个人的心底："真正友谊的形成，并不是因为双方有意的拉拢，它是带些偶然，带些不知不觉。在意识层底下，不知何年何月，就潜伏着一个友谊的种子，咦！看它在心里面长出了萌芽。在温暖密固、春夜一般的潜意识中，忽然偷偷地钻进了一个外人，哦！原来就是他！真正友谊的产物，只是一种渗透了你的身心的愉快。”这才是友情，它在你不经意间悄然而来，油然而起，可以说，友情是世间最美丽而自在的情感。泰戈尔也曾经说过：“最好的东西不是独来的，它伴了所有的东西同来。若不拨开那些同来的‘欲望’的野草，如何能看见那美妙的‘不可言喻’的友情之花呢？”是的，友情没有男女之分，只要心中保持着那种纯真的感情，那么，友情就会开出纯洁的小花。

每个人的友情是以诚换真，为对方真诚地付出。纯粹的友情是自由的，今天可以是萍水相逢，明天或许就是一生的朋友。一生中，挚友不必太多，只要有一个知己就已经足够，不需要强求拥有太多的知己。在我们每个人的生活中，知己朋友或许会因某种原因远离我们，但是我们在离别后对彼此的挂念和牵绊吸引着对方，即使分隔多年，一旦相见还依然黏如蜜，这就是友情的浪漫之处。

朋友如同水，有清浊之分、凉热之别，真正的纯友谊是清澈见底、简单透明的，是在我们痛苦时给我们一个坚实的肩膀靠一靠，在我们哭泣时给我们递上一张纸巾，在我们得意时给我们一个小小的提醒，在我们成功时一起为我们的成就而干杯！纯洁的友情不分男女，只有真挚简单的心。真正纯洁的异性友谊就像同性友情一样，也会在我们无助时，伸出一双援助之手，更会不计报酬付出，不加任何目的，只希望对方能幸福快乐。

朋友们，我们应该打开心扉，不要用世俗的观念，去看待身边的异性友情，也不要因为嫉妒而去轻视别人。纯友谊不是每个人都能拥有的，当我们拥有时，请珍惜，不要因为别人世俗的眼光去放弃一生的挚友。

人生不能没了朋友，就像人生不能没有爱情亲情一样，真诚地去对待眼前每一位朋友，珍惜现在所拥有每一份情谊，这样生活才会更加精彩。

Spirit of Audrey

友谊的根部永远强壮有力；友谊的枝条坚硬牢固，荫护所有他爱的人。我喜欢向知心朋友吐露心声，而不是闲聊家长里短。

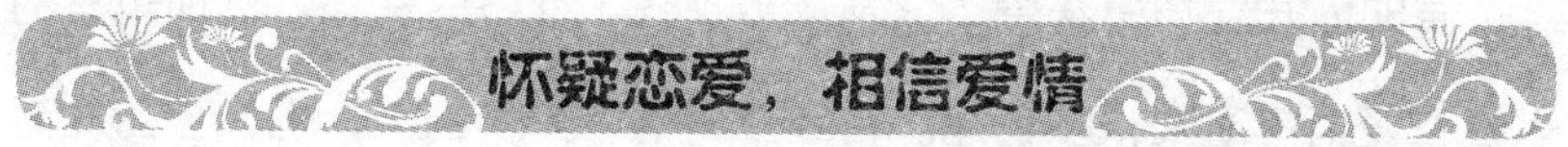

怀疑恋爱，相信爱情

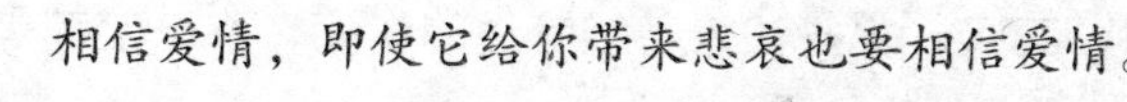

相信爱情，即使它给你带来悲哀也要相信爱情。

——泰戈尔

爱是一种很奇妙的潜意识，它会感触到我们的忧愁和喜怒哀乐，而我们也会因它而变得喜怒无常。每个人的爱或许就是连接了彼此之间最神圣的约定，没有它，每个都市中的心灵都不会安宁更不会停歇，它与我们的灵魂有着神秘的感应，当我们处在爱情中，它会唤醒我们心中的精灵去进行一次酣畅淋漓的灵魂之舞，让我们感受生命的意义。

伤得起

我们每一个人都向往爱情，也会将爱情看作是所有感情中最浪漫的感情，都会去追求那完美的爱情，很渴望得到专注、执着的爱情。“生命诚可贵，爱情价更高”，爱情为什么被人们看得那么重要，又为什么会这般的刻骨铭心？那是因为我们每个人在爱情中都曾经经历了快乐，也同时为一些爱而痛哭流涕。那些曾经为了爱情而做出了让你我都感动的事情，会永远刻在我们的头脑中。就是因为拥有快乐和痛苦，彼此间的交融产生了情意，才会让爱情看起来是那么浪漫。

有的人在爱情中获得了快乐，也收获了最终的幸福，然而也有的人会在爱情中遭受很多伤痛。曾经在爱情中受伤的人，也许会因此而怀疑爱情，其实，那些让人曾经受过的伤痛，不一定都是真正的伤，而如果因此不再相信爱情，只能说此人太脆弱，太不理性了。受了伤，不需要刻意去逃避，也不应该因此去怀疑，有些时候，伤痛会让人更加的坚强。在爱情中，不要因为害怕曾经的伤而去逃避本该属于自己的美好生活。人们常说：时间是最好的疗伤药！是的，爱了，伤了，痛了，与其逃避和痛苦，还不如选择遗忘，让一切回归于平淡，让自己重新认识自己，重新让自己快乐起来，重新找到人生方向，让自己更加自信坚强。

即便我们在爱情中受到伤害，也要相信这个世间是有真爱的，也要相信真爱我们的人会在世界的某个地方等着自己。在爱情中我们要学会等待，要相信爱情，相信我们心目中的他一定会在不经意间悄然而至。

伤了，也要爱

奥黛丽·赫本是大家公认的美丽天使，但是她的爱情也并不完美，也受到过伤害，但是她依然相信爱情。赫本骨子里是一个非常渴望爱情、相信爱情的女人。在想象中的婚姻走向了低谷中时，在婚姻中弄得浑身是伤时，她也曾经为此沮丧过、焦虑过。但是别人问她“你是否还想再一次坠入爱河”时，赫本依然坚定地说：“总会有一个可以让我依靠信任的人，他就在某个地方在等我。”

赫本永远都遵循着自己的想法去做，最终她也做到了。当赫本的第一段婚姻结束了，她收拾好自己破碎的心，整理好自己的思绪，勇敢地向生活出发，大胆地去寻找自己的真爱。最终，赫本从第一段惨痛的感情中走了出来，在去往希腊的游船上遇见了自己的第二次爱情，邂逅了安德烈·多蒂医生。这个男人比赫本小9岁，从里到外散发着一种独特的诱惑气质，自此，赫本毫不犹豫地爱上了这个人。当赫本决定要嫁给安德烈·多蒂时，她的母亲男爵夫人一再反对这门婚事，她的朋友们大多数也是非常反对的，甚至连多蒂的哥哥都建议赫本不要嫁给多蒂，仅仅有一部分人带着“希望赫本快乐”的想法而赞同她的这次婚姻。然而，赫本毫不犹豫地和多蒂相爱。虽然她不知道这段感情会伴随她多久，但是，她只相信自己对多蒂的感觉，只想听从爱情的指示。

赫本曾经这样形容自己与多蒂的爱情：“你知道被一块砖砸破脑袋是什么感觉吗？这就是我第一次看见多蒂的感觉。这种感觉让我瞬间从悲伤中解脱出来，他是那么的热情、快乐，我越是了解他，就越觉得他是一个很独特的人。”很快，赫本和多蒂闪电般地踏进了婚姻的殿堂。婚礼上，赫本穿着好友纪梵希设计的粉红色套装，头上包着头巾，给人一种甜蜜又年轻的感觉。赫本兴奋地说：“我感觉自己只有20岁，谁知道呢，我感觉很快乐，多蒂紧紧地握着我的手，我非常的幸福。”

但是这个让赫本从第一段感情中解脱出来的男人并没有陪她走完人生的全程。相反，多蒂给赫本造成的伤害比梅尔·费勒更大。最终，这段让赫本曾经感觉幸福到极点的爱情又一次将她抛入了痛苦的深渊。陷入第二次感情痛苦中的赫本已经走到了人生中途，她不再像以前那样光彩照人，她的皮肤少了很多光泽，眼神里也充满了沧桑。此时，50岁的赫本是不是将自己的情感之门关闭了呢？是不是因为曾经两次的伤痕而不再相信爱情了呢？在她走在自己人生情感的下坡路上时，她是否依然相信还会有真爱等待自己？

曾经伤痕累累的赫本依然还相信爱情，那就是在好友康妮·沃尔德的家里见到的罗伯特·沃特斯。这个男人好像是爱神奖赏赫本对爱的执着的，完美得无懈可击，他高大英俊、温文尔雅、善解人意，是赫本心目中一直以来想要的伴侣。罗伯特也被赫本称为“精神上的双胞胎”，这一点也不夸张，两人都是在感情的痛苦中相遇、相知、相爱。这一次，赫本又重新认清了爱情的方向，又一次勇敢地挽起了罗伯特的手，而这个男人最终与赫本不离不弃，陪赫本走完了人生的全程。赫本最终找到了她情感上的终身伴侣！

爱情是一种感觉，一种纯粹精神上的感觉，它需要时间的磨砺和彼此间的信任。没有经历时间的爱情是虚无的，但是爱情的产生却是在一刹那间，让我们没有任何时间去准备。当我们每个人处在热恋中，都会忘我地投入，都会有些情不自禁。在爱情中，彼此都要相互信任，都应该谨慎地去维护。只有相互间信任，爱情才能绽放出娇嫩美丽的花朵。如果任何一方出现猜疑，都会导致原本甜蜜的爱情在瞬间瓦解。赫本和罗伯特能走到最后，就是靠着相互间的信任。

爱情没有保质期，但是会有保鲜期，我们在维护爱情的过程中，或许会伤痕累累、身心疲惫，甚至是绝望无助，但是我们心中依然还有爱的信仰，其实相信爱情，就是相信我们自己。即便我们在爱中伤得很重，但是还要相信爱情，相信每一个和我们相遇的人，放宽我们的心，大胆地迎接属于自己的真爱，就像孙楠唱的：不必烦恼，是你的想跑也跑不了；不必徒劳，不是你的想得也得不到……

在爱的海洋中，谁没有被爱伤过，谁的心上没有过伤痕？但是我们不能被伤痕吓倒，我们应该努力地带着伤痕站立起来，修补好自己受伤的心，勇敢地面对生活，也许属于我们的真爱就在人生的下一个路口！

奥黛丽·赫本，虽然她一生中曾经历两次爱情的痛苦和背叛，但是最终她还是寻找到了她人生中的“灵魂伴侣”罗伯特·沃特斯。赫本身边有很多朋友，其中最好的朋友是纪梵希，他是赫本一生中的挚友。可以说，赫本一生是爱情、友情双丰收。

爱情是发人深省的，像一个具有魔力的巧克力棒，让每一个人充满幻想。如果没有了爱情，世界将会失去色彩，变得黯淡无光，就会少一道亮丽的风景线。友情是一种纯洁、高尚、朴素和珍贵的情感，更是最动人、最坚实、最永恒的情感，它坚不可摧，每个人都需要这种感情。爱情是甜蜜的，也是苦涩的，它可以让人不断成长，让人从一个天真烂漫的少女变成成熟稳重的知性女子，让人看清人性，懂得生活。友情像一坛老酒，越存越香，越久越浓。

人们常说：“可以没有爱情，但是你绝不能没有友情”，其实不然，完整的人生，不仅要拥有爱情，更应该拥有友情。只有双丰收，我们的人生才是幸福快乐的。如果我们的生活中，没有爱情，那么，我们的生活像缺了滋味的“五味瓶”，乏味之极。如果我们丢失了友情，生活就会失去阳光，听不见悦耳的和音。所以，我们的人生应该左手爱情，右手友情，这样，我们的生活才会别有一番滋味。

Spirit of Audrey

爱情并不可怕，可怕的是爱情的枯萎和变质。经历过一切之后，我才意识到原来它可以残酷地扭曲你的生活，粉碎你的人生。如果我的生活中只有宁静的夜晚，没有被爱情折磨到万劫不复的地步，爱情就没有什么可怕的。

Part 6

家庭第一

在外是女强人，在家是好妻子

这是全世界都知道的真理：一个拥有了财富的男人，一定想拥有一个妻子。

——简·奥斯汀

一个真正优雅的女人，不管在事业上是个多么强的人，在家都应该褪去她强大的气场，做个好妻子。不管她是多么的强悍，回到家，在爱人面前都要懂得谦让柔和。在外面，她是个人人称赞的女强人，在家里，她知书达理，善解人意，做一个不仅温柔体贴，而且很贤惠的完美妻子。

奥黛丽·赫本的电影事业非常成功，可以说，她是一个十足的女强人。但是一旦回到家里就是一位非常传统贤惠的好妻子。赫本经历了两次失败的婚姻，最终还是与“灵魂上的伴侣”罗伯特·沃特斯拥有一段完美的爱情，相携走完人生的最后时光。

赫本的爱情虽然曲折，但是最后还是画上了圆满的句号，不管她人生中的三段感情是因为什么原因告终，但是在费勒、多蒂和罗伯特心中，赫本都是一位内贤外助的好妻子。只要赫本回到家，和爱人在一起，她就会卸掉外界给予的光环，做一个小鸟依人的好妻子。

帝王＆公主

赫本和梅尔·费勒是一对具有东方色彩的夫妇。赫本和费勒踏入婚姻的殿堂时，她还只是一个好莱坞刚刚升起的新星，结婚之后，费勒大男子主义作风非常强，他对赫本保护得非常严密。每当媒体来家中采访时，费勒总是用一些看似粗暴的行为将那些不受欢迎的媒体阻挡在门外。在工作上，因为赫本温文尔雅，不善于去争取属于自己的利益，有时，她的演出报酬就会被公司和经纪人侵吞，费勒就会聘请一些很强势的经纪人帮赫本争取她应有的利益。除此之外，费勒对赫本的日常生活也照顾得很周全，他总是用温和但是又让人无法抗拒的语言对赫本说："你要经常吃这样的食物，而不是那种！"

赫本的一个朋友曾经这样说过："费勒对赫本有一种统治的权利，费勒身上所体现的男子气概比一般人要强很多，他在赫本面前说一不二，而且态度也是非常生硬霸道，有时很多人难以接受，但是赫本却言听计从。"虽然费勒在其他人眼中是一个很具有帝王气质的人，但是赫本却将他的保护和控制看作是对自己的爱。赫本对费勒温柔体贴，好像费勒就是她的帝王一样，即使费勒有时对她言语生硬霸道，赫本也从来不去计较。

赫本很欣赏费勒的才华，有时她连剧本的决定权都交给了费勒，因为她一直都相信，费勒看重的作品一定是非常优秀的作品。也因此，赫本在费勒的建议下，出演了多部家喻户晓的影片，如《战争与和平》《蒂凡尼的早餐》和《窈窕淑女》等，可以说，赫本参演的每一部电影作品都为她的事业奠定了走向顶峰的基础。

费勒为赫本量身定做了一部影片《绿厦》，片中那美丽纯洁的女孩就是他心目中最完美的赫本形象。他为了拍好这部影片做了很多努力，但是他对剧本的把握、拍摄场地的掌控能力还是很生硬，他常常在拍摄现场弄得人丈二和尚摸不着头脑，很是无厘头。有时他会强硬地去下达一些命令，甚至有的人会因此要离开剧组。而在整个工作团队中，只有他的妻子赫本诚心诚意地服从他。

其实，费勒工作的不足，赫本并不是浑然不知的。从她进入好莱坞开始，就一直得到当时世界电影界顶级导演们的提点，虽然赫本没有做过导演，但是她比费勒更明白，一部优秀的电影作品是如何拍摄出来的，即便她心里清楚，但是她并没有对费勒的电影给予任何意见或建议。在费勒执导的《绿厦》这部影片中，赫本由始至终都是按照费勒的想法完美地去表演。她永远都是站在费勒的角度去做，给出他想要的结果，这不仅仅是作为一个优秀演员应有的素养，更是一个善解人意的好妻子对自己爱人尊严的维护。

即便如此，这部影片最终还是以失败而告终，也因此，他们的婚姻慢慢开始出现裂纹。最终他们的婚姻维持了14年而分道扬镳。

浪子&圣女

赫本与费勒分开后，于1968年的秋天，独自到希腊旅行时与意大利人安德烈·多蒂相识，使赫本踏入了她人生第二次的婚姻殿堂。

与多蒂结婚后，赫本一直沉醉在甜蜜生活中。一旦有空余时间，赫本会早早地起床，为多蒂做早餐，然后陪着多蒂走到他的诊所。不仅如此，赫本还会帮多蒂做其他事情，如为病人量体温等。到了中午，赫本就会把做好的午饭送到多蒂的诊所。有时，多蒂会加班，而赫本就会陪着他直到将工作做完。赫本以为幸福美好的生活会这样一直到老，但是现实却总是出乎她的意料。

在意大利人看来，一个男人结婚了并不意味着他会失去以往的自由生活，安德烈·多蒂就曾经说过："意大利丈夫从来都不是以忠诚著称的！"慢慢他的弱点就开始暴露出来了。在赫本怀孕期间，多蒂和其他女人的绯闻弄得满城风雨。有时，赫本看着报纸上丈夫醉醺醺地搂着别的女人的照片，痛彻心扉，但是又很无奈，她不会像其他女人一样去厉声地质问多蒂，更不会去哭闹，她总是给予他足够的容忍和宽容，以期让自己的丈夫回心转意。

每次看到报纸上自己丈夫的背叛照片，她都是笑着抱起两个儿子——肖恩和卢卡，她把所有的希望和爱都寄托在这两个没长大的孩子身上。在耐心地抚养两个孩子的同时，她安静地等待着浪子在外面玩累了就会回到这温暖的家，继续之前幸福快乐的生活。但是，浪子依然不知悔改，没有觉醒，在卢卡生日的那天和其他女人撕扯在一起，赫本彻底地失望了。最后，她不理会浪子的挽留和哀求，决然地带着孩子离开了这个家，回到她钟爱的电影事业上。

赫本虽然在事业上红红火火，但是她的婚姻却总是遭受挫折，这并不是她的错，她已经做到了一个妻子应该做的事，只是安德烈·多蒂没有好好地珍惜。

最终的归属

赫本的朋友康妮·沃尔德说："赫本和罗伯特命中注定要相识的。" 罗伯特·沃特斯被赫本称作是"灵魂伴侣"，这么说一点都不为过。他们的外形有着很相似的地方，他们拥有黑色眼瞳，身材高挑，同样是气度不凡，真的是很配！或许这就是我们今天所说的"夫妻相"。赫本和他是在他们共同的朋友家中相识，当时罗伯特正沉浸在丧妻的悲痛之中，与接连两次婚姻失败的赫本一样，正处在感情的伤痛中。他们相互打开心扉，最终两颗受伤的心走到了一起。赫本曾经这样说过，"我找到了精神上的双胞胎，愿意和罗伯特共度一生。"

赫本和罗伯特除了在感情上都经历了伤痛，他们也同样的敏感，同样的小心谨慎，同样的幽默风趣。赫本在感情的世界上，人生的大部分时间兜了一个大圈，终于认识到这位气度不凡的男人，发现这才是自己一直想要拥有的人生伴侣。

虽然赫本和罗伯特是天生的一对，但是两个人的生活也会有很多的摩擦，不可能每时每刻都风平浪静。有时，他们和我们日常生活中的夫妻一样，会出现争执，但是他们两人都是性格温和的人，他们彼此包容谦让，可以说，赫本和罗伯特之间的争吵是他们彼此间感情的润滑剂，只会"越吵越好"。

是的，一个女人不管在外多么强悍，在家一定要做一个温柔贤惠的妻子，像赫本一样，做一个包容谦让的优雅女人，只有这样，感情

生活才会长久，才会“执子之手，与子偕老”！

Spirit of Audrey

对于一个女人来说，成功并不是最重要的。当我怀抱着孩子的时候，我感觉到自己已经拥有了一个妻子所能拥有的全部。但是对一个男人来说，这远远不够。他不能忍受总是被人称做“奥黛丽·赫本的丈夫”。

选择要孩子，并让他像普通孩子一样成长

友善伴随着孩子，他看见洒向人间的都是爱。

——劳·诺尔蒂

很多成功人士，在其人生的旅途中，为了追求他们想要的成功，或多或少都会在其拼搏的过程中，放弃一些生命中很重要的东西，比如爱情、家庭等。然而，只有那些真正懂得珍惜、适时放弃的人，才算得上是真正的成功。

非巨星妈妈

奥黛丽·赫本有两个可爱的儿子，大儿子肖恩是她和第一任丈夫梅尔·费勒所生，小儿子卢卡是和第二任丈夫安德烈·多蒂所生，即便她

婚姻失败，但在电影事业和照顾孩子之间赫本曾经有什么样的抉择呢?

赫本曾经说过："放弃电影还是我的孩子，对于我来说是一个不容易做出的决定。因为我非常想念我的孩子。当我的大儿子在读书的时候，我就不能像往常那样把他带在身边，这对于我来说是一件非常苦恼的事情。所以，我做出了一个我生命中最重要的决定，暂时停止接拍任何电影，我愿意回到家中陪我的孩子们。和孩子们在一起，是一件非常幸福的事情，这让我非常开心。我可不是失落地坐在空空的房子里，一个人发呆，实际上我和所有母亲一样，为我的两个可爱的儿子而骄傲！"这段话是赫本在1988年接受采访时说的。可以看出，赫本虽然很热爱她的电影事业，但是在孩子和事业之间，她毫不犹豫地选择了两个孩子。

赫本除了是好莱坞的巨星，她还是两个孩子的母亲。生活在这种巨星的家庭里，赫本的两个孩子并没有在好莱坞度过让人羡慕的光彩童年，而赫本有时间也不会在家里放自己的电影。她的两个孩子没有在电影制作的环境中成长，更没有和好莱坞一些巨星们的孩子一起上学或是玩耍。

赫本的大儿子肖恩出生后在瑞士生活，他是在离家不远的村庄学校读的书。肖恩的朋友并不是人们想象的那样，是一群明星大腕的子女，相反都是一些普通人家的孩子，此外，在他上学的路上会经过一个孤儿院，这里的孩子日后也成了肖恩的朋友。肖恩曾经回忆这段童年时说："有一年冬天，半夜里我被一个好朋友叫醒，他家的奶牛要生小奶牛了，我们都很好奇地去观看。我们在冷风中不断地狂跑，大风打在我的脸上很痛，但是心里却是惊喜的，到现在我还能回想那种快乐的感觉。”这种惬意祥和的农家生活环境，成为肖恩童年记忆中一个个美好的片段。

后来，赫本一家从瑞士搬到了罗马，赫本的大儿子肖恩开始在当地的法语学校上学，肖恩的朋友和同学大多数也都是普通人家的孩子。每天放学的时候，赫本都会去学校接肖恩。在学校里，肖恩的足球踢得非常棒，当他和其他同学踢得火热的时候，同学就会忘记肖恩是好莱坞大腕的孩子。肖恩曾经说过：“我在法国学校读书时从来没有考虑过，为什么这么多狗仔队会出现在我家附近。和其他的同伴一样，我觉得母亲非常漂亮，如果这些人想拍，那就拍好了。母亲在我心中是非常美丽的，无论是外表还是内心，都是很美的。”

从肖恩开始上学时，赫本就不再接拍任何电影了，因为肖恩需要按时上学，赫本不可能总是在拍电影时将他带在身边。当赫本的小儿子卢卡开始读书时，她也做了一样的选择：放弃电影，选择孩子。肖恩曾经说过：“当母亲带我去买书或是足球鞋时，我非常高兴，她不仅仅是我的母亲，更是我的好朋友。最重要的是，她让我感受到我对她来说是多么重要。”

虽然赫本热爱自己的电影事业，但是她更爱自己的家庭，更爱自己的孩子。一个如此有爱心的人理应得到上天厚爱，注定她的电影事业会更加辉煌。而在现实生活中，有些人为了得到自己想要的成功，可能会舍弃家庭，甚至是更可贵的东西，即便她最终得到了她想要的结果，但是当她回过头来，就会发现自己失去了很多宝贵的财富，依然是孤独的、失败的。

成功都是相对而言的，在人生的道路上，只有我们拥有丰盈的人生，拥有家庭和朋友，拥有更多让我们温暖的东西，即便我们在事业上平凡，那我们也是成功的。作为一个女人，应该像赫本一样，事业再成功，当面对比事业更重要的东西时，就应该勇敢地放手。或许现在的我们也在选择的岔路口上徘徊，那我们不妨像赫本一样，学习她的抉择方式，我们一定会拥有更多，我们的人生会更精彩！

Spirit of Audrey

如果只能靠回忆自己所扮演的角色度日，而不记得自己的骨肉，这一定是让人痛心的。对我来说，没有什么比看着孩子长大成人更兴奋和欣慰的事了。孩子的成长只有一次。

“非巨星”妈妈

一个人如能让自己经常维持像孩子一般纯洁的心灵，用乐观的心情做事，用善良的心肠待人，光明坦白，他的人生一定比别人快乐得多。

——罗兰

孩子是天真无邪、纯洁可爱的，他们如同一本书，从童年到少年，再逐渐到青年，每一位家长每天都会一页页往后翻，为的就是可以真正地读懂它。了解孩子的心，和他们做最好的朋友，才能知晓他们的内心世界，才可以引导他们朝着阳光快乐健康地成长。

巨星朋友

奥黛丽·赫本，在影坛中是闪闪发光的明星，她是那样遥不可及。但是在生活中，赫本会卸掉身上所有的光环，如同普通女人一样，爱自己的家庭，爱自己的孩子。

赫本对这两个儿子就如同朋友一样，她的大儿子肖恩为赫本写了一本传记《天使在人间》。肖恩在这本书中对赫本这样描述道："在我眼中，她首先是一位母亲，然后是我最好的朋友。"可见，赫本在培育自己的孩子时，不仅仅是以母亲的角色呵护她的孩子，更是以朋友的身份了解、体会孩子们的内心世界。所以，我们在《天使在人间》这本书中，可以看出肖恩和母亲赫本的感情不仅仅是亲情，也透露着很多难得的友情。在这本书中，肖恩好似赫本多年的朋友，将自己母亲的一生向人们娓娓道来。这种亲情中又包含着友情，在现实生活中真很难得。

很多时候，赫本与自己的孩子更像是好朋友。她会花很多时间去倾听孩子们讲述发生在他们生活中的小故事。成为大导演的肖恩非常怀念曾经与母亲在一起的美好夜晚，他曾经回忆说："我们常常躺在床上，关上灯尽情地聊天，直到我们其中谁先睡着为止。我们好像是朋友一样，天马行空地谈，从发生在身边的小事，到远去的往事，再到遥不可及的未来等。而大多数时间我们只是聊一些生活中的琐事。”

有一次，肖恩与母亲谈到自己喜欢的女孩时，非常苦恼，因为自己喜欢的女孩身边有很多追求者。她总是不坚定，有时好像喜欢另一个人，有时好像两个人都喜欢。当时，赫本静静地听着儿子的叙述，然后认真地思考，看肖恩很是苦恼，最后笑着说："你还是先把精力放在学习上吧，因为如果你的考试没能通过，那么，你有可能遭受两次打击。”肖恩听后很有感悟，心中的苦恼也就此慢慢打消了。赫本与孩子如同朋友一样，总是倾听孩子的心事。

其实，与孩子做朋友，并不是毫无原则地满足他们的要求，这样只会使他滋生“不劳而获”的思想，不利于他成长。所以，和孩子做朋友应该遵循有原则的做人做事之道。如果没有充分理解好“朋友”的内涵，那么，这样做只会无形中助长孩子的霸气。所以，与孩子做朋友，应该适宜。如果我们和孩子之间如同朋友一样，那么，我们就能够了解孩子的内心世界，从而更好地对他们进行引导教育。在这种“父母似朋友”的家庭环境中成长的孩子，将来一定是某个领域的优秀者。

现在的孩子和过去的孩子拥有着截然不同的童年生活，他们往往通过书籍、电视和网络等渠道，获得更多的信息，所以，他们和父母对某些事情会持有不同的看法。父母更应该掌握丰富的资讯，引导孩子在信息的海洋中掌握正确、积极的资讯，从而培养他们正确的价值观。所以，父母要想和孩子成为真正的朋友，不管自己在外面拥有怎样的社会地位和名誉，都要放下身架坦诚地和孩子谈心，给他们营造一个舒适、轻松的成长环境，让他们更健康快乐地成长。

与孩子像朋友一样交流沟通，让他们没有任何紧张感，这样就很容易让孩子将他内心所有的事情都愿意和我们分享，而我们也会在他们天真的世界里得到生活的感悟。和孩子成为朋友，不仅可以给他们一个美好快乐的童年，让孩子健康成长，还会让你们彼此成为终生的好朋友。这种美好的家庭关系，难道有人不想吗?

如果我们都可以像赫本一样培养自己的孩子，那么，不仅仅培养出非常优秀的孩子，还结交了一生的挚友。这是多么美妙的教育方式啊！所以，女性朋友们，如果你现在已经成为妈妈，那么，就向优雅女王赫本学习吧。

Spirit of Audrey

我从来没有希望成为明星，这也不是我想要的生活。我并不喜欢演员的生活，也从来没把自己看作什么大明星。我不是伯格曼。我对于离开影坛陪伴孩子这个决定，一刻也没有后悔过。

Part 7

做最出色的自己

坚持最终会有好的回报

没有人会被自己的汗水淹死。

——资深专栏作家安·兰德斯

人的一生是一个奋斗的过程，是一个默默等待的过程，更是一个坚持的过程。坚持是一种力量，也是一种走向成功的方法。人生不可能总是风平浪静，有时也会波涛汹涌。在生活中，我们或许有很多的不顺心、不如意，甚至是长期处在各种挫折和磨难中，这时，我们就需要拥有普雅花那种平淡如水的好心态，去面对一切，在默默的等待中汲取力量，在不断的坚持中吸取营养，然后才会绽放我们生命中的光彩。只有真正地坚持，我们才会看到明天的希望，拥有丰厚的回报。

坚持是一种美丽，因为坚持，所以，我们的人生会积累更多的经验，而我们的心灵也会得到源源不断的充足和愉悦。这样，行走在人生的旅途中，才能体会到生命的精髓。坚持，也是一种维护，我们每个人不管是人格上还是主观立场上，都要坚持己见，即便有很多人轻蔑，甚至是反对，也要用坚强的毅力、决然的意志将自己展现出来。因为一个人在坚守自我、把握自我的时候，他的灵魂才会拥有一种清晰的超越和感悟。

坚持其实就是一种信念，因为坚定的信念，所以成就了一种品质。当每一个人都具有这种品质的时候，那么，这个社会就会变得更美好。坚持不仅需要很大的意志和勇气，还需要宽广的胸怀和坚韧的毅力。坚持更是一种坚强毅力的磨炼，也是一种内在气质的培养。坚持下去，就意味着要坦然地面对人生的每一次失意，只有不断地坚持，增强面对困难的勇气和信心，才能达到人生更高的境界，才会拥有丰厚的回报。

坚持成就经典

在好莱坞的影坛中，有两位“赫本”，一个是凯瑟琳·赫本，还有一个就是我们熟知的奥黛丽·赫本，尽管她们拥有同一个姓，但是风格却截然不同。凯瑟琳·赫本个性张扬、强悍，奥黛丽·赫本温和、低调、高雅美丽。也许在很多人看来，奥黛丽·赫本如同邻家女孩一样乖巧听话随和，其实不尽然。

外表柔弱的奥黛丽·赫本从来不大声说出自己的意见，但是，只要她认为是对的，那么她就会很执着地坚持到底。1951年，赫本在《罗马假日》试镜时，导演看见镜头里的赫本身穿公主睡衣，非常可爱，她脸上甜美的笑容也震撼了导演威廉·惠勒，他坚决地说：“她就是唯一合适的人选！”于是，派拉蒙公司决定和赫本签订第一份合同，考虑到当时赫赫有名的凯瑟琳·赫本，公司为了让观众更易分辨出两人，就礼貌地要求赫本将自己的姓改掉。赫本当时也很礼貌地拒绝了他们的要求，她始终坚持自己的立场，最终，这位外柔内刚的女孩以自己的本名出现在好莱坞的荧屏上。作为一个影坛的新人，奥黛丽·赫本行事低调，对自己正确的观点会以优雅的态度坚持到底。

在赫本的所有电影作品中，《蒂凡尼的早餐》应该说是一部很经典的影片，这部影片也为确立赫本在好莱坞的崇高地位奠定了基础。即使有人没看过这部影片，但至少也应该听过片中一段经典的小插曲，这个小插曲就是由赫本亲自演唱的。这就是由著名作曲家亨利·曼奇和约翰尼·莫瑟共同为赫本打造的《月亮河》。这部小插曲是电影史上很成功的音乐作品，它的知名度甚至超过这部电影本身。但是，谁又能想到这首经典之作背后的故事呢。如果不是赫本的坚持，恐怕这个世界没有多少人会知道有这首歌的存在。

当时，派拉蒙的新任总裁听到这首插曲时，觉得不喜欢，就说："把这首不好听的插曲去掉……"恰巧，赫本当时也在场。她听完总裁的话像弹簧一样从椅子上弹起来，坐在她身边的梅尔·费勒立刻拉住她，这种情绪在其一生中都是很少见，她对总裁坚决地说："除非从我的尸体上踩过去！"最终，由于赫本的坚持，这首电影插曲才得以保存下来。这个由赫本抚琴清唱的插曲，成为全世界影迷心中最精美的一段电影插曲。

在好莱坞，赫本可以说是有名的坚持己见的人，她非常有主见，她不会唯唯诺诺。但是，这并不是说她专横无理，如果她发现别人的意见很有价值，她就会谦虚接受，并诚心道歉。在拍摄电影《甜姐儿》的时候，导演斯坦利·唐南建议她穿白色袜子，但是赫本担心自己穿白色袜子会让自己的脚显得很大，所以，她就坚决反对导演的这个提议。但是当赫本发现白色袜子是全身黑色装扮唯一的点缀，她就停止哭泣，穿起白色袜子，精彩出色地跳完了那场舞蹈。事后，赫本写一张小纸条向唐南道歉。而赫本那段舞蹈也成了影片《甜姐儿》最精彩的一部分。

赫本这种适时的坚持，在好莱坞是难得的，即便是在当今社会，尤其是在竞争激烈的职场中，像赫本这种坚持己见的人也不是很多。在我们每个人的职场生涯中，如果能拥有赫本身上这种坚持，相信职场生涯会越走越远，越走越精彩！

坚持是一笔财富

人生的每一段路程都不是那么容易走过，赫本并不是一下就成功的，她也经历了很多的困难，勇敢地坚持，在挫折中磨炼自己，才会在好莱坞独占鳌头，成为世界之星。是的，每个人在人生旅途上都会遭遇各种困难、挫折和打击，面对这些困难，唯一的捷径就是坚持，然而在现实生活中，很多人都会在艰难的关卡上选择放弃。在这些人看来，前方的路是黑暗而没有光明的，他们没有勇气再继续往前走。而只有那些敢于向困难挑战和拼搏，并坚持下来的人，才能走向成功。

从古至今，那些伟大的科学家、发明家等之所以能够成功，都是因为他们付出了很多。他们那种永不放弃、坚持不懈的精神，铸就了他们的伟大。所谓“生于忧患，死于安乐”，这种好的心态或许就是他们战胜困难的最大源泉。只有坚持，只有不畏困难，不断地战胜自己，超越自己，才能更好地展现自我，实现梦想。

生活中的每一个人都是一样的，没有谁比谁更聪明，只有对目标坚持不懈，才会接近梦想，而这一点也是很难得的。我们在实现自己理想的过程中，如果面对所有的一切，就像赫本一样，始终坚持不懈，就一定会得到回报。

所以，亲们，与其每天都在感叹环境不好，自己的命运欠佳，或者感叹这个社会世风日下，不如从现在开始，学着去坚持做一件事情，哪怕是微不足道的小事，都要坚持去做，相信一定会得到意想不到的结果。

Spirit of Audrey

在我不会演戏时我被叫去演戏，在我不会唱歌时我被要求唱“Funny Face”，在我不会跳舞时我被要求与弗雷德·阿斯坦共舞——所有这些，我都没有准备过，为了能做到，我就近似疯狂地尝试和努力。

坦然面对

各人有各人理想的乐园，有自己所乐于安享的世界，朝自己所乐于追求的方向去追求，就是你一生的道路，不必抱怨环境，也无须艳羡别人。

——罗兰

“宠辱不惊，看庭前花开花落；去留无意，望天上云卷云舒。”也许坦然就可以用这句话去诠释。坦诚地接受，坦然地面对，是人生中最豁达的情怀。

我们的生活不断被各种困难和挫折袭击。面对痛苦时，痛苦不会因为我们的伤心难过而减少，相反，它会更加肆无忌惮地在我们内心扩散，逐渐地变成一片片乌云，挡住我们心中的阳光。与其痛苦带来这么多负面情绪，不如选择坦然地微笑面对，坦诚地接受我们生活中各种挫折，也许我们的积极情绪会改变我们身边的一切。我们给生活一个笑脸，生活就会还我们一个灿烂的微笑。所谓“上帝关上了门，但是，它会为你打开一扇窗”。挫折不一定都是逆境不顺，或许也是一种机遇，失败也不一定会让我们一败涂地，也许它是我们走向成功的一个开始。只要我们坦然地面对，上天会眷顾我们，只要我们敞开心扉接受它，好好把握，就会看见希望的曙光。

越挫越勇

奥黛丽·赫本在人们眼中就像一个天使，她的形象深深地嵌入每个人的心中。一个如此完美的人，看似弱不禁风，但是她却能很淡定地面对生活中的挫折，坦然接受人生的每一次挑战。两次失败的婚姻并没有击垮她，相反，她变得更加勇敢、成熟。

赫本虽然和安德烈·多蒂离婚了，但是他们依然保持着很好的朋友关系。可想而知，赫本的胸襟多宽广。她的第二次婚姻在很多人看来比第一次更糟，而安德烈·多蒂对她的伤害不可谓不重，但是在他们离婚之后，赫本依然可以和多蒂保持着朋友关系。可以看出，赫本面对生活的遭遇不是逃避，而是选择坦然，她的这种坦然已经超乎了生活的本身，她的这种坦然显然已经上升到人生的崇高境界了。在我们身边，或许会有婚姻失败的朋友，但是像赫本这种坦然面对现实的人，几乎是寥寥无几。

在现实生活中，我们也许常常会听到人们这样说："活得真累啊！"有时，我们也会不自觉地发出这种感叹。当处在不如意的日子中，我们总感觉活着好像成了一种负担，但是当我们再回望那些曾经走过的路，就会发现，每个人的生活都是一样，都会存在不同的痛苦和挫折，唯一不同的是每个人面对生活的态度。

那些海边渔民清晨一早就出门打鱼，在黄昏时只拎着几条鱼的箩筐，但是他们却一路上欢声笑语。田野中，看见那些面朝黄土背朝天的农民，早出晚归，太阳早已下山才回家，虽然劳累一天，但是脸上仍然露出像花一样的笑容。那一对对曾经甜蜜的恋人，如今却要分手，虽然眼睛里写满了忧伤，但是仍然微笑着挥手道别……这一份份坦然面对生活的人生态度，让人内心不禁感叹。

坦然接受

是的，人生的失败虽然是一种经历，但是当我们坦然面对时，却历练出一种成熟。所以，坦然面对生活的一切，不管是甜的还是苦的，坦诚接受，人生会增添一抹亮丽。

生活中遇到痛苦和挫折都不可怕，可怕的是我们不能够坦然面对。人生最大的敌人是自己，我们不能打败自己。只有鼓起生活的勇气，坦然面对，才能看到希望。或许我们的能力有限，或许我们无法逃脱自己的命运，但是，我们应该拥有坦然接受的勇气。我们也许曾经很成功，也许是一败涂地，但是当我们在回首人生时，我们依然感到骄傲，因为我们曾经为自己的梦想努力拼搏过。

当枝头那一朵朵鲜花都在凋败、枯萎时，唯独腊梅还依然盛开在严冬的墙角。此时，人们的赞美声不断，但是腊梅并没有骄傲，而是坦然面对人们的赞美声，仍默默地与风雨同行。而那些曾经盛开此时却凋零的鲜花，也没有任何怨言，选择坦然面对，投向了大自然的怀抱。大自然中，花儿尚且能坦然面对自己的盛开和凋零，拥有一颗平常心，我们为什么还要纠结于那些曾经的成败和痛苦呢？

每个人的内心世界就像一片土壤，要不断地施肥、浇水，才会有收获，只有坦然地面对生活，才能体会到生活中的酸甜苦辣，才能够珍惜你所拥有的一切。

生活中，没有任何一个人是旁观者，每个人都能找到属于自己的位置，更能寻觅到一种属于自己的精彩和坦然，让我们迈开脚步，勇敢向前，不浮躁、不气馁，不悲不喜，坦然面对！这样我们的生活就会拥有一道美丽的彩虹，所以，托起你心中的太阳，让我们敞开心胸，坦然勇敢地面对一切吧！

Spirit of Audrey

很早以前，我就已经决定，无论遇到什么情况，都要坦然地接受生活；我从来没期望过它会对我青眼有加，虽然如今我已拥有许多我不曾奢望过的东西。其实很多时候，它们都是那么悄无声息地降临到我的生活中，我甚至都不曾去寻找过。

不耍大牌，懂得感恩

感谢命运，感谢人民，感谢思想，感谢一切我要感谢的人。

——鲁迅

当今的娱乐圈，当红明星耍大牌似乎已经是一种潮流。当那些耍大牌的明星被媒体曝光，意识到自己的形象可能会大受损害后，就会立马“优雅”地站在媒体上、微博上为自己耍大牌的行为不断地去解释。其实人们的眼睛是雪亮的，网友是不会那么轻易被糊弄的。作为一个公众人物，明星的每一个举动，大家都是看在眼里，亮在心里。明星耍不耍大牌，公众最清楚，所以，名气再大，都不要耍大牌，就如同赫本一样，虽然她是好莱坞颇具影响力的女星，但是她却低调行事，宽以待人，从来不耍大牌，对曾经帮助过自己的人，总会怀着一颗感恩的心。

原来主角是她

在好莱坞这个权力实力集一身的电影基地，有些一线影星一旦心情不佳时，不仅对刚入行的新人指手画脚，就连导演也不放在眼里。世界影坛上的瑰宝伊丽莎白·泰勒就曾在导演面前大耍威风。在拍摄电影时，如果导演的指挥让她不满意，她就会向导演大声嘶吼，然而，奥黛丽·赫本是绝对不会这样做的。赫本在工作时，无论是经验丰富的前辈，还是刚刚踏入影视圈的新人，赫本都是以温文尔雅的语言和他们交流沟通。

1953年，赫本参演了她在好莱坞的首部电影《罗马假日》。在这部影片中，她扮演的安妮公主受到人们的喜爱，同时，她也认识了自己人生中第一任银幕伴侣——高贵从容的格里高利·派克。但是在拍这部影片时，派克曾经说过："当时我以为这部影片是关于我的，没想到真正的主角是一个从伦敦来的不知名的芭蕾舞演员，她才是影片的主角。"

当赫本第一次和派克见面时，她被派克强大的气场震住了，以至于说不出话来。在这位英俊的好莱坞巨星面前，赫本不知所措，派克决定让这个害羞的女孩变得坚强自信。电影之外，赫本就会被派克邀请去湖边漫步、聊天，他们还会在拍摄的闲暇时间做各种有趣的小游戏。这种轻松的爱情喜剧对于派克来说是小菜一碟，但是，他为了帮助赫本，会不厌其烦地陪着赫本，不断地拍摄一些有难度的镜头。他认为，影片的主角是赫本而不是自己，所以，要让她有更好的成长、更精彩的演绎，这比影片本身更有价值。

其中，这部影片有一个非常有趣的片段：安妮公主在记者的陪同下游览罗马城，当来到一个著名景点“真理之口”时，记者说：“如果有人撒谎了，他的手一旦放进‘真理之口’中，就会被咬掉。”在拍摄这个片段之前，派克对导演说：“让我来试一试这个传说吧，我把手这样放进去，然后像这样再收回来。”说完，他就将自己的手放进袖子里，这样看上去真的被“真理之口”咬掉了。当赫本看到这一幕时，吓坏了，赶紧拼命地抓着派克的胳膊往外拽，看到派克的手真的没有了，她大声地尖叫起来。当她发现这只是派克的一个小把戏时，她才知道自己受骗了，便和派克闹在一起。

这个小片段中，赫本的反映是那么的真实自然，这也成了影片中最让人难以忘怀的一段。当赫本回忆这段往事时，笑着说：“真是很有趣，不过也挺吓人的。”派克对赫本照顾周全，无微不至，但是他们的这种感情并不像外界媒体报道的那么浪漫，而且他们之间也没发生一些很罗曼蒂克的故事。他们都是高雅、气度非凡的人，他们的感情是那么纯洁，也正因此，他们的友情造就了一段好莱坞传奇。

这部电影在上映时期，按照当时的惯例，派克和赫本的名字排序应该是这样的：格里高利·派克主演，奥黛丽·赫本参演。派克应该排在最前面，因为他在好莱坞奋斗了很多年，这是他应有的地位，但是这种排序没有得到派克的同意。他给他的好莱坞经纪人打电话说：“奥黛丽·赫本的名字应该排在前面。”他的经纪人觉得很不解：“为什么，这是你多年工作应该拥有的位置，你不能让给一个新人！”没想到派克却说：“我应该这样做，这个女孩会凭着她的第一部电影获得奥斯卡奖的。”

懂得感恩

《罗马假日》上映之后，全世界都将目光停留在和巨星派克合作的新人身上。1954年，现实证实了派克的话，赫本最终获得了奥斯卡“最佳女主角”的小金人。当赫本登台领奖时，激动地说：“这是派克送给我的礼物，非常感谢他！”

几十年之后，赫本已经成为好莱坞巨星，早已成为人们心中的天使，在她回忆起这段往事时，仍然兴奋激动地说：“我欠派克很多，作为一个好莱坞巨星，他居然那样帮助提携一个新人。非常感谢他，他是我生命中的贵人。”除了派克，赫本对导演威廉·惠勒同样也怀有感恩之心。在赫本的演艺生涯中，惠勒也曾给予过她很多帮助。赫本和他合作过多部电影，在1966年，她与惠勒合作电影《偷龙转凤》时，赫本已经是世界上第二个片酬拿到百万的明星了，但是，面对这位曾经发现、提携自己的恩师，她没有更多要求，而且还主动将这部影片的片酬降到75万美元。

赫本在演艺生涯中，在她怀着感恩的心面对曾经帮助过自己的人的同时，她也不会忘记提携那些刚入行的新人，可以说，她继承了派克的良好传统。在她主演《蒂凡尼的早餐》这部影片时，她已经是名声大噪，而与她搭戏的男主角是刚进电影界的新人乔治·佩帕德。当他看见赫本时非常紧张，尤其是和赫本拍一场肌肤之亲的戏时，他不敢靠近赫本，只好紧张地躺在床边，结果掉下床来，此时，赫本并没有嘲笑他，更没有耍大牌，而是非常主动地接近他。因为赫本的主动和亲近，男主角才得以放松，才逐渐入戏，逐渐展现出真正的演技，而最终这部电影也受到人们的喜爱。

赫本曾经在接受知名杂志《人物》采访时说：“我觉得帮助别人不需要那么高调，每一天，每一秒，你都能做些什么，哪怕只是给别人一个友好的微笑，都能让新人欢欣鼓舞。”真正的大牌是从来不要大牌的，真正的大腕不会在外在表现出来，只会在内在展现出来。内在大牌的明星，才是真正大牌。

Spirit of Audrey

如果你在任何时候需要一只帮助之手，你可以在你自己的每一条手臂下面找到它。在年老之后，你会发现你有两只手，一只用来帮助自己，另一只用来帮助别人。

做最美的“工作狂”

一个人也许会相信许多废话，却依然能以一种合理而快乐的方式安排他的日常工作。

——诺曼·道格拉斯

职场如战场，每个人在工作中都会绞尽脑汁地将自己身上的优点一一展现出来，以得到老板的赏识。尤其是女强人，为了想拥有更美好的明天，她们往往为工作忙得天昏地暗，成了一个真正的“工作狂”。

为了自己的梦想去认真工作，是件很好的事，但是，因为工作成为一个十足的“工作狂”而失去一个女人原本所具备的“女人味”，就有些得不偿失了。所以，在想当女强人的同时，也不要忘记整理自己，只有保养好装扮好自己，偶尔做一次“工作狂”，才具有真正的美丽。

巨星是怎么炼成的

奥黛丽·赫本可以算得上是影坛上最美的工作狂，具有“铁人”的精神。赫本一旦投入到工作中，她就会拼命地干，“史上最美的工作狂”对赫本来说一点都不言过其实。赫本在没有成名之前就已经是个不折不扣的小“铁人”了。赫本曾经在伦敦参演一部音乐剧《高跟纽扣鞋》，她在这部戏中扮演一个歌舞女孩。

她每天晚上要演2场，一星期要演出12场，她在拍戏的同时，在闲暇时间还会去上芭蕾课。之后，赫本又参演了另一部剧《鞑靼酱》，这部剧也是每周12场。她每天晚上的演出在夜里11点多结束，之后她还会继续赶到另外一个场地演第二场。赫本结束工作时已是凌晨2点多，她完全是个工作狂。

赫本对待工作是非常有上进心的，她不想错过任何一个机会，她想做出色的自己。终于，功夫不负有心人，上天总是眷顾那些努力执着的人。赫本在参演几部音乐剧和小制作电影后，《罗马假日》剧组让她去试镜。这部影片在开拍之前，导演威廉·惠勒在欧美一直都没有找到符合他想象中的“安妮公主”形象的演员。这时，赫本参演过的电影《双姝艳》的导演狄金森向威廉·惠勒推荐了赫本。因为赫本精湛的舞蹈曾经给狄金森留下很深的印象，所以，赫本就由她演艺生涯的贵人——狄金森推荐给了威廉。当威廉看到赫本的一刹那，被她那清纯迷人的气质深深地吸引了，于是情不自禁地说：“就是她了！”从此，赫本开始出现在人们的眼中，受到众人的喜爱。

回归到现实，我们这些平常人为了自己的梦想拼命地工作，是一件很正常的事，然而，成为巨星之后的赫本，仍然保持着工作的热情，就不得不让人佩服了。赫本曾经在拍摄《窈窕淑女》时，每天工作16个小时，可以想象一下，我们平常工作8小时都快吃不消了，而作为巨星却工作16小时，没多久她足足消瘦了15磅，几乎让她脱了形。可见，赫本对待工作是多么的执着。

为了将这部影片完美地呈现给观众，赫本专门从加州大学请来专业教授，用好几个月时间来学习声乐、舞蹈和演讲。即便后来制片方将赫本在这部片中的原唱换掉了，以致赫本为这部影片所做的努力都成了泡影，但是她依然用认真的态度完成了这部影片的拍摄，没有任何怨言。

曾经与赫本合作过《甜姐儿》和《丽人行》诸多电影的导演斯坦利·唐南这样评价过赫本：“她一心只想做到最好，并为此奋斗，赫本对待工作非常认真。在片场，她永远都是精力充沛，从来不迟到。赫本是用决心和智慧以及一种无私的精神去表演的！”是的，在她的演艺生涯中，不管是之前的默默无闻，还是后来的如日中天，她对待工作都非常认真、始终如一。

赫本为音乐剧《美人鱼》试装的时候，为了追求完美，她连续站立几个小时。她在拍摄《修女传》时，不幸得了肾结石，但是，她为了不影响正常工作，每天早上都会强迫自己起床，忍着痛苦，坚持去工作。更让人震惊的是，赫本曾经在拍摄西部片《恩怨情天》的时候，不小心从马上摔了下来，她的脚部严重受伤，肋骨断了几根，更糟糕的是，她肚子中的孩子也没有保住。

自此，赫本遭到重创，连续两年没有出现在影坛，直到她的大儿子肖恩出生。

赫本在影坛上的成就出人意料，她并不是科班出身，但是，她以非常高的悟性和认真刻苦将演技练得越来越娴熟。观众们都很喜爱她，只要看见她的海报，就会立马冲进影院，就连那些影坛中挑剔的影评家们也很推崇她，将各种奖项毫不犹豫地颁给她。这就是赫本，一个热爱工作的赫本，她虽然没有传奇故事，也没有显赫的家庭背景，但是她在工作中以“工作狂”“铁人”的精神，创造了一个个奇迹。

是的，没有一个人可以随随便便成功，每个人的成功都不是大风吹来的，想要获得成就，只有拼命工作才会看见成功的希望。

工作狂美眉们，要想工作更出色，就要保养好身体，工作是为了更好地生活，所以，整理好自己的妆容，保养好自己的身体，让自己在繁华的都市中绽放自己的光彩，做一个美丽、优雅的工作狂。

Spirit of Audrey

我喜欢修指甲，我喜欢打扮，我喜欢哪怕在闲暇时也涂唇膏穿盛装，我相信粉红。我相信开怀大笑是燃烧卡路里最棒的方式。我相信亲吻多多益善。我相信身处逆境时，更要坚强。我相信快乐的女孩就是最美的女孩。我相信明天会是全新的开始，而奇迹终会发生。

甩开过去，活在当下

人只活在当下，只活在呼吸之间，只活在心意之间！怎样的心意就有怎样的感受！就有怎样的人生！

——佚名

我们每个人都留有昨天美好的回忆，每当遇到生活中不如意的事情，就总会想：“如果是过去，那会……想当年……”过去的已经过去了，而且是永远地过去了，我们应该面对现实，活在当下，而不是一味地沉醉在过去。

在现实生活中，我们会发现一些上了年纪的老人总是怀念年轻时候的风采，怀念那种朝气蓬勃的青春时光，缅怀曾经的璀璨和辉煌。当他们总是这样回想着过去，沉浸于过去，时间长了，他们就会有种失落感，面对当下的生活没有任何的朝气，总是沉浸在曾经的生活中。其实，甩开过去，活在当下，才是一种积极、健康的生活态度和人生观。与其因为沉浸在过去中使自己没有一点进取心，还不如面对现实，踏实地过好每一天，让每一天都富有精彩和活力，这才是最重要的。

不要沉溺于往事

生活的每一天就应该是丰富多彩、五彩缤纷的，潇洒地甩开过去，坦然地活在当下，就可以谱写出最动人最美丽的人生乐章，就一定能出现人生最精彩的五彩晚霞。现代都市中，尤其是在职场中，很多人总是喜欢把过去的辉煌整天挂在嘴边，总是说："想当年……"过去的那点成绩在他们的重复回忆中不断地被夸大美化。

这种人在生活中比比皆是。也有人曾经经历过许多不幸，当他们进入一个新的生活环境中，面对眼前的美好和机会，总是不敢相信，内心总是对曾经的过往耿耿于怀，不能甩开过去，自信地面对当下的生活。不管我们的过去是辉煌还是挫败，我们都应该甩开过去，活在当下。奥黛丽·赫本就是这样一个坦然的人。

赫本是绝对有资格去缅怀她曾经的灿烂辉煌，但是现实中的她从不会将自己过去的辉煌摆在当下，作为茶余饭后的话题去谈。陪着赫本走过生命中最后12年光阴的灵魂伴侣罗伯特·沃特斯曾经说过："她从不沉溺于往事，虽然她在好莱坞有过很长一段璀璨的生活，经历过很多传奇的故事，但是她很少沉浸在回忆中。"

赫本在晚年时期，从来不将戏服或是礼服收藏起来，举办什么回顾展，即便这些时尚的服装曾经让她闪闪发光，且每一件衣服的背后都隐藏着她曾经美好难忘的故事，但是她从不会用任何方式去缅怀。当赫本慢慢淡出影坛的时候，她就把很多美丽的套装都送给了自己的亲戚朋友，也把属于好友纪梵希的服装都一并还回去了。她曾经这样说过："即便是多年前让我心爱不已的一件外套，我也不会望着它一直发呆。我穿过它，它带给我很多温暖，但它们都是陈年往事了，我只想活在当下！"

除了那些曾经给过赫本温暖、光鲜亮丽的服装，同样，她也不会站在十几年前的照片面前顾影自怜，虽然她非常喜欢那曾经美丽可爱、清纯动人的样子，但是她很少像其他晚年的女性抱着自己年轻时期的靓照沉浸在回忆中。赫本和其他女明星一样，喜欢在家里的墙上挂上很多自己的照片，但是她和那些女星不一样的是，赫本会在自己家的小桌子上放上很多家人、朋友和孩子们的照片，其中只有一张是她在拍摄电影《窈窕淑女》时，由著名摄影师塞西尔·比顿为她拍摄的照片，这张照片上还有比顿的亲笔签名。赫本将这张照片放在了那些家人和朋友照片的最后。

赫本是好莱坞电影史上富有传奇的影星，但是她在晚年很少沉浸在过去的璀璨生活中，她会甩开过去，活在当下。这种态度和情怀总是在赫本生活中的点点滴滴中呈现出来。赫本从来不写日记。曾经有一个著名的出版经纪人给赫本写过很多信，希望她能够考虑出一本自传，但是最终赫本还是没有答应。赫本也曾经写过一些关于家庭的美好回忆的文章，目的是想送给自己的两个儿子肖恩和卢卡，而不是为了让世人熟知，为自己的人生增添一道光彩。每次听到别人兴奋不已地谈论自己的过去怎么样辉煌灿烂时，她只是淡淡一笑，蜻蜓点水一样对曾经的辉煌一笔带过。那些过去的美好生活只是她人生的秘密，而不是拿出来炫耀的资本。

甩开过去，活在当下，在一次电影回顾展上就能完全地体现出赫本的这种生活态度，1988年荷兰举行了一次电影回顾展，当时回顾展是以赫本的经典佳作《甜姐儿》作为开场。当主办人问赫本看到自己曾经的佳作有什么感受时，她笑着说："希望你拿到的是一份非常棒的拷贝，颜色还很亮丽新鲜。"当被人们问道"上次你看这部电影是什么时候"，赫本很淡定地说："首映。"

赫本性格温和典雅，在她的电影生涯中交到了很多的朋友，如派克、纪梵希、加里·格兰特等，她和这些朋友们处得像家人一样。即便如此，赫本也不会刻意和他们常常碰面，更不会以"经典电影回顾"等名义举办一些缅怀曾经美好的聚会。有时，赫本想要和朋友们聚一聚时，就会将她的朋友们邀请到家里，围着一桌美食其乐融融地进行一次愉快的晚餐。这就是赫本式的聚会，仅仅是这样。

把握当下

甩开过去，活在当下，是每个人获得成功和幸福最好的方式，成功造成的负担、努力带来的掌声、矛盾产生的遗憾、包容带去的微笑、分歧导致的争吵……所有这些都已经成为过去，与其在过去中回味快乐和痛苦，还不如将它们抛在脑后，把握好当下，创造更多的欢笑和幸福。我们不要为过去的一次成绩而停住脚步，更不能因打翻了的牛奶而哭泣，我们应该敢于把那些"过去"踩在脚下，聪明的人永远不会因为昨天的损失而悲伤，他们只会在当下想尽办法去弥补曾经的创伤，创造美好的明天。

曾经的我们经历过很多坎坷和欢笑，有做对的事情，也有犯错的时候，曾因为错误而失去过一些美好的东西，曾经因为举手之劳而使得落难人脱险，而赢得别人的掌声等，这些都已经过去。我们不能因为那些不可能会改变的错误而内疚，也不要因为曾经的辉煌而大笑不止，我们要甩掉过去，活在当下。每天都会有新的事物、新的变化、新的挑战，我们只有每天不断学习、不断进取，才能适应各种新环境和新变化，才能战胜挑战，超越自己。这样我们的生活才会更美好、更幸福。曾经一位诗人说过："假如你还在为错过昨天的太阳而后悔，那么你将错过今晚的星星和月亮。"所以，我们应该甩开过去，甩开烦恼，调整心态，面对当下，活在当下，才能迎来明天的太阳！

过去的已经过去，过去不能改写，你只有拥有积极乐观的人生理念，把握好当下，才能活得潇洒，所以，都市女人们，甩开你的过去，丢掉羁绊，坦然地面对现在，把握好当下，走向更灿烂辉煌的明天！

Spirit of Audrey

我曾听到过一句话：幸福就是健康加上坏记性！真希望是我头一个说了这句话，因为，这可是千真万确的真理。珍惜生活，不管发生了什么，不管遇见谁都要享受这次经历。在我看来，过去的经历让我懂得珍惜现在，我不愿在对将来的忧虑中蹉跎眼前的时光。

能干更要巧干

拥有博学的大脑是避免传染上愚昧和堕落的最好武器。而空空如也的大脑则会很容易陷入错误。

——安·拉德克利夫

想要成功拥有自己梦想的人，是不能怕吃苦的，在职场上，能吃苦固然好，但是，苦劳不等于功劳，只有认清自己、懂得巧干的人才能赢得人们的欣赏。

刚出校门，踏入社会，走上工作岗位，每个人都想通过努力工作，去改善自己的物质条件，来提高自己的生活质量。但是，并不是埋头苦干就一定会得到上司的肯定，也未必会升职加薪。

很多人每天总是随叫随到，任劳任怨，虽然做了很多事情，但是却没有得到上司的赏识。奥黛丽·赫本能在人生的道路上认清自己，找准方向努力工作，Work Smart，最终走出自己的一片广阔天地！

Work Smart

奥黛丽·赫本绝不是一个蛮干的人。她知道自己要努力，但她更知道在哪些方面去努力。赫本是一个非常热爱工作的人，同时她更是一个聪明的人，她懂得巧干的艺术。赫本是一个头脑清晰的人，从不把自己的力气用错地方。她会敏锐地看到自己的人生方向，一旦她找对了方向，就会很努力大胆地走下去。她曾经这样说过："你要像工具那样进行自我分析，你必须对自己坦诚不虚，直面障碍，不要掩饰自己的短处，才能发掘其他的长处。"

赫本在开创自己的电影事业之前，就对自己有足够的认识了。她非常热爱芭蕾舞，但是当时男芭蕾舞演员都很矮小，他们需要身体轻盈、个子娇小的女芭蕾舞演员做搭档，然而赫本身高1.7米，她也是当时芭蕾舞班上个子最高的女孩。即便她苦练芭蕾，也只能站在舞台上最不起眼的地方，扮演着一个很小的角色。几个月的芭蕾舞训练之后，赫本的老师兰伯特对她说："你舞技很好，如果做一个芭蕾舞老师会很优秀，但是想成为一名首席芭蕾舞星会很难。"这句话将赫本心中一直以来的梦想打破了，她需要重新认清自我。

而实际上，兰伯特对她的评价也正是赫本对自己的担心，因为她一直都非常清楚，知道自己最大的弱点在哪里。赫本虽然在芭蕾舞上没有获得自己想要的结果，没有在自己梦想的舞台上绽放光芒，但是她能认清自己，因而转向了她人生的另一个舞台——电影。

赫本刚踏进电影界，在外人看来，她只是一个影坛小菜鸟，但是赫本非常清楚要想在影坛打造出一片天，除了努力工作，埋头苦干，还应该懂得Work Smart。她知道漂亮的服装会为她带来巨大的魅力，所以，她在着装上非常讲究，为了影片角色的需要，为了让戏服更完美地贴合她的身段，她会加班加点按照自己的身材制作一个身材版型给服装设计师，这一点是好莱坞其他女星做不到的。

赫本没有上过一天的表演课，但是对于表演，她拥有自己独有的诀窍：她会通过完美的戏服进入影片的角色中，接着再通过扮演角色的双眸去观看她周边的世界。当她进入角色时，她会在心中默默地说着："这是角色心中所想的。"赫本除了琢磨角色的思想和神情，还会和角色一起开心一起悲伤，她这样的表演在很多人看来似乎已经变成了影片中的角色了。赫本为了演好一场戏，闲暇时间会认真琢磨每一个角色，然后再悟出自己独有的思想情感，这种由内而外的结合让她的表演游刃有余，动人心弦。

每次在摄影师的镜头前，赫本从来不用别人教她怎么做、做什么样的动作，她总是很细心敏感地去观察周边的一切，只要她和摄影师合作过几次，她就会明白该怎么做才是对方想要的结果。赫本和美国很多知名摄影大师合作过，其中摄影大师西德·艾弗里曾经说过："赫本很有镜头感，她对自己在镜头面前该呈现怎样的风貌和怎样在镜头面前表现得更好，都非常清楚。"赫本能得到如此赞赏，和她在台下的努力是分不开的，所谓"台上一分钟，台下十年功"，她对电影角色有这么深的感悟和演绎，在台下她下了很多工夫，但也一定是Work Smart!

功夫不负有心人，赫本的专业表现让她很快在好莱坞新星中独占鳌头，赢得了很多的认可和赏识。好莱坞一位知名摄影师曾经这样说过："赫本给我的印象很特别，不止我一个人有这种感受，其实每一个人都有这种感受。片场中的工作人员，像那些服装师、化妆师等，对待赫本的方式和态度与其他好莱坞新星是完全不同的。大家明明知道她不是公主，但是就是不由自主地对她好。"赫本能赢得别人的认同和青睐，除了她的高雅温和，也是与她对工作的热爱和努力分不开的。赫本认清了自我，虽然她没有演艺功底，但是她却在电影的舞台上Work Smart，而走出了一片属于自己的蓝天。

对于自己的电影事业，赫本从一开始就保持着清晰的认识，当电影工业进入到20世纪70年代时，就开始发生了巨大的变化。银幕上那些独立自主、有新主张和认识的新女性形象开始越来越多，虽然赫本当时已经算不上新锐了，但是她却清醒地认识到未来的人生之路。最终，赫本选择了一个终生的最佳“角色”，好像这个角色就是为她量身打造的，就是出任联合国儿童基金会亲善大使。这个角色也为赫本的一生增添了永恒的光彩！

在竞争激烈的职场中，苦干不如巧干，在Work Smart的同时还要认清自己，明白自己的发展方向，这样就会像赫本一样在职场中打出属于自己的一片蓝天！

Spirit of Audrey

人是从挫折当中去奋进，从怀念中向往未来，从疾病当中恢复健康，从无知当中变得文明，从极度苦恼当中勇敢救赎，不停的自我救赎，并尽可能地帮助他人。

方向比努力重要，选择比努力更重要

方向比努力重要，选择比努力更重要

——奥斯特洛夫斯基

奥黛丽·赫本是众人眼中的天使，不管是在影坛上还是其他各个方面，她一直是人们追捧的对象。她的一生如此辉煌，能够成为电影史上著名影星，这一切的荣誉和她当初的选择方向有莫大的关系。

不朽的选择

起初，芭蕾舞是赫本的最爱，她在没踏进影坛之前，一直梦想着自己可以成为一名出色的芭蕾舞演员。由于她生活在战乱时期，虽然每天也在不断地练习芭蕾舞，但是她还是错过了练习芭蕾舞的最佳年龄。虽然曾经在战争和饥饿中支撑赫本活下去的芭蕾舞梦想突然间消失了，但是她依旧没有放弃，她依然还是走在梦想的路上，她曾参加过一些模特工作，也参与过不少的舞蹈演出，她只是在一些英国小成本的电影中扮演着角色，像《天堂笑语》和《双姝艳》这种音乐剧电影。而赫本的表演并没有太大的突破，非常规矩，也没有多少的知名度。后来她被法国著名作家克莱特发现，从此，她开始真正走向了演艺之路。

当时，赫本随着一个剧组来到法国南部拍摄《蒙特卡罗宝贝》，刚好和法国著名作家克莱特住在同一个酒店，克莱特那时正准备在好莱坞推出自己的舞台剧《姬姬》，当她看到为自己处于萌芽状态的事业而努力奋斗的赫本时，内心很是震惊，并兴奋地大叫："我找到了我的姬姬！"从此，赫本开始了自己辉煌的影坛生涯。

赫本虽然钟爱芭蕾舞，但是当她人生中出现了转折，她做出了正确的选择，并在自己选择的人生方向中成就了自己。其实，我们可以试想一下，如果当初赫本依然坚持自己的芭蕾舞梦想，不管她再怎么努力，可能今天奥黛丽·赫本也不会为世人所知，在我们每个人的一生中，方向比努力重要，选择比努力更重要！

方向比努力重要

清华大学前校长顾秉林曾经在清华大学毕业典礼上送给毕业生一句话："未来的世界，方向比努力重要，能力比知识重要，健康比成绩重要，生活比文凭重要，情商比智商重要！"是的，未来的世界充满了不确定性和风险性，如果我们能在人生短暂的时间里快速地选择正确的方向，那么，就可以在某个行业领域中独占鳌头，成为这个领域的领头羊。现在这个经济迅速发展的社会，任何一家企业都需要有能力并与企业发展方向一致的人才，而不是没有计划、没有方向一味去努力的人。

人生方向的选择就在今天、当下，如果我们今天的生活方向没有选择正确，就会越走越累。就像是钻探石油，如果没有选对钻探位置，即使你再怎么努力去钻，也不会有石油。所以，在我们人生的每一段旅途，都要找对方向，做对选择。

著名思想家罗曼·罗兰说："一只鸟能选择一棵树，而树不能选择过往的鸟，"鸟要选择一棵树是必然的，选择哪一棵树则是偶然的，除非鸟不能飞或者只剩了一棵树，人的生活就像一棵树，一般来说，生活不会选择人，只有人去选择生活，或者说去适应某种生活方式。

在现实生活中，很多人非常努力，但是并没有换来成功，只是因为他们没能做出正确的人生选择。一个人只有“跟对人、走对路、说对话、做对事”，才能成就一番事业，每个人有很多种选择，只有做出正确的选择，才能成就辉煌的人生。

人生就是选择，想走好人生的每一段路程，关键在于怎么选择。生活中存在着很多的选择，面对生活中的各种选择，如事业与家庭，金钱与爱情……我们要怎么抉择，是选择前进还是后退，是选择坚持还是选择放弃。我们每个人总是在矛盾中挣扎徘徊，所以，学会选择，更是一种人生智慧。

选择，对于每一个人来说都非常重要，很多人在人生的岔路口总是不知所措、无所适从，等他们明白什么才是正确的选择时，往往已经错过了很多。在人生的道路上，要明白自己想要什么，要根据自身的优势去选择自己的人生方向，只有选择了一条正确的道路，人生的旅途才会顺利到达目的地，看到美丽风景。

Spirit of Audrey

我的工作原则就是：不抱怨，即使筋疲力尽也不放弃，不在有演出的时候外出。索妮娅教导我，如果你足够努力，一定能够成功，一切的努力都源自你内心的力量。

Part 8

赫本式的“吸引力法则”

专注让女人更美丽

我觉得我学到的重要一课就是——全神贯注是无可取代的。

——黛安·索耶

专注是一种非常强大的力量，当一个人全身心地去投入某件事情时，头脑会变得非常活跃，就会处于一种兴奋的状态。在这种强大的力量驱使下，人的头脑中会涌现出很多的灵感和新的创意，长时间隐藏的潜力就会瞬间爆发。当一个人专注做一件事情的时候，就会惊奇地发现，原来要花上三小时才能完成的工作，现在可以在半小时之内就圆满地完成。

专注就是人格魅力

很多喜欢看影视剧的“美眉”们都知道，不管是国产剧还是外国剧，不管是现代剧还是古装剧，只要片中出现这样的画面，观众也会同剧中的男女主角一样一起进入甜蜜微妙的感情中：当剧中的男/女主角看见心目中的人儿正在非常专注地做一件事情的时候，例如正在埋头工作，或是全神贯注地观察欣赏一件艺术品，或是正在聚精会神地倾听别人的谈话时等，此时的主角，精神就会为之一振，内心就会产生一股暖流，这种感觉就是爱情的萌芽。正因为专注，让心目中的那个意中人更加美丽动人。

在现实生活中，当一个人全身心地投入去做一件事情的时候，她的身上在无形中就会散发出强大的气场和迷人的气质。这是大家都认可的事实，当一个人处在忘我专注的状态中时，即便她没有想过吸引别人，但是这种专注状态中散发的迷人力量也会在无形中去吸引别人，这也是她最迷人的时候。这种状态的迷人，除了在我们身边可以看到，在银幕上我们也可以看到，那就是奥黛丽·赫本所呈现的。

赫本不管是在生活中还是工作中，她永远都是一心一意，从不会三心二意，在片场中，她试衣服就是专注地试衣服，在吃饭的时候，就是专心地吃饭。赫本从来不会一边做饭，一边看电视，一边吃东西，一边和某个朋友不停地打电话，这些三心二意的事情是不会在她身上发生的。赫本身边的朋友常常会这样说：“她身上总会有种迷人禅定的力量！”

美国知名杂志《生活》的摄影师鲍勃·威洛比曾经回忆和赫本合作时的画面：“奥黛丽·赫本可不是你想象中的那些好莱坞的明星，他们在和你说话时，眼睛总会从你的左肩上看过去，看看是谁刚刚走进房间里，而赫本就和他们不一样，她会很专注地和你谈话。”

美国有一位著名的化妆大师，他是一个同性恋，他曾经与赫本合作过很多次，给她化过多次妆。这位同性恋化妆师曾经坦言：“我非常喜欢与奥黛丽·赫本一起工作的感觉。”他感觉赫本和其他的明星大腕不一样，其他明星在私底下的形象和他们在银幕上的形象完全不一样。他曾说：“当你在为他们化妆的时候，他们的脑子里不知道在想些什么，而奥黛丽·赫本就不一样。她非常专心，她会认真地和你一起讨论一支唇膏的颜色，有时还会提出一些你完全想不到的好建议。”

有时候，这位同性恋化妆师在闲暇时间会和赫本闲聊，当谈论一些关于青少年同性恋自杀的问题时，赫本会很专注地听他说，而不是觉得很无聊，甚至对这位同性恋化妆师有轻视的言行。这位化妆师曾经这样说过："她听得很认真，而且，她完全懂得我在说什么。”当有人向这位化妆师问起赫本是一个什么样的人时，他就会这样说："你们在银幕上看到的赫本，就是她真正的样子。赫本在现实生活中的形象和她在公众面前的形象一样。你真的是无法相信，在现实生活中真的有这么完美的人！”

在银幕上，赫本是完美的，而在现实生活中，她更让人们对她敬佩。一个好莱坞的大腕，在现实生活中能让人给予这样高的评价，真是很难得。一个专注的人，不管是做什么都会深深地打动别人，而她本身更具有人格魅力。

一个人要想做到专注其实并不容易，这要求他的内心一定要强大。这就如同森林中的动物一样，那些总是左顾右看、耳听八方的动物，几乎都是那些小野兔和小羚羊等弱小的动物。而常常在那里闭目养神、心无旁骛的，都是非常强大的狮子或老虎等丛林霸王。这些强大的动物之所以那么专注，是来自于骨子里的那种自信。是的，专注是一个人自信的间接反映，也体现出他的内心。

当一个人整天东看西看，做任何事情都不专心的时候，他的内心可能会潜伏着一些令自己不安的因素，他心里往往会想：那一群人究竟在说什么？难道是在谈论我？我看上去是不是很糟糕等一些让他感到不安的问题。当一个人处在这种状态下，他的魅力和气场就会被自身的注意力分散打乱，也就谈不上美丽动人了。当一个人内心很强大，那么他就会很专注地去做一件事，而他强大的内心使他相信自己可以面对一切可能出现的突发状况，那他就不会因周边发生的任何变化而产生心理变化。所以，一个人有多专注，那么他内心就有多强大。而当一个人非常专注的时候，他看上去就会更加美丽动人。

专注需要强大的内心，而内心的强大靠的是你平常的修炼，现在的你找到属于你的修炼专注的秘诀了吗？

Spirit of Audrey

我一直都很幸运。我进入影坛并非出于对演艺圈的美好憧憬，最后美梦成真，而是为了赚取生活费用。因此当我获得另外一个机会时，就心存感激地接受了它。机会很少凭空出现，因此当它们出现时，你一定要抓住。

修炼优雅的站姿

形体之美要胜于颜色之美，而优雅行为之美又胜于形体之美，最多的美是画家无法表现的，因为它不是一目了然的。

——英国文艺复兴时期作家、哲学家　培根

台湾名模陈思璇曾经说过一句话：“站姿是一切美姿美仪的基

础，如果一个人站得懒散是很难成为美女的。”是的，站姿可以说是一个女人提升气质的基础，更是每一个气质女人的必修课。优美的站姿会让一个人更显高挑雅致！

一个女人，不管她的面容多么美丽，身材多么标准，一旦她的站姿有些不当，或是出现一些粗俗无礼的举止，那么，她的外在美就会立刻大打折扣。我们每个人最基本的姿态就是站、行、坐三个方面，而站姿是我们日常生活中最常见的行为举止。在生活中，我们不管在乘坐公交，还是搭乘地铁，或是行走在大街上，每个人的站姿都是各不相同，在娱乐圈这一点更是引人注目。有时，媒体就会报道某知名影星在出席某场合时因站姿不当，而引起一片哗然。然而，奥黛丽·赫本从未出现这种丑态，她永远都是人们心中优雅的女神，不管是在生活中，还是在工作中，她的每一个动作都是非常优雅的，她的站姿更是如此。

站姿决定女主角

当《罗马假日》的导演威廉·惠勒第一次看到来试镜的奥黛丽·赫本时，被这个举止得体优雅、洋溢着异国风情的女孩彻底地吸引住了，立刻拍板决定让这个当时还没有任何名气的女孩担任这部影片的女主角。很显然，赫本的每一个举止都折射出一份优雅的感觉，正因为如此，才会让大导演威廉毫不犹豫地将她选定为女主角。

我们在赫本的每一部影片中，都可以看到她美丽的站姿，如在影片《龙凤配》中赫本优美的站姿：从足踝开始站直，然后将双腿并起，再挺直腰板，接着收紧小腹，将双手放好，站在那里一动不动。当你看到赫本拍摄的这一照片，你就一定会被赫本那种优美的站姿所征服。如果你也像赫本这样站着，即使你没有惊艳的容貌，人们也会被你那种优美静谧的气质所吸引。

实际上，赫本的母亲是荷兰贵族，赫本身上拥有荷兰王室的血统和特质，再加上她从小就练习芭蕾舞，所以，她的每一个举止都有卓尔不同的感觉。

虽然我们没有赫本那种显赫的家庭，也没有拥有王室贵族血统的母亲，或许也不会像赫本一样从小就练习芭蕾舞，但是我们也不能有消极的情绪。如果要想打造优雅站姿，不是没有办法的。比如在空余时间，你可以在家背靠着墙站立，你的双肩、后脑勺抵住墙面，这就是培养你抬头挺胸站姿的方法。除此之外，还可以在自己的头顶上顶着厚厚的书，来回不停地走，这样培养平稳优美的行走姿态。这些常识，在我们小时候父母就曾经说过，只是我们那时不懂得“站有站相”的深刻含义，而今，我们都知道优美的站姿是多么重要。

在人们的印象中，那些娱乐圈的女星总是光彩照人、气质高贵，其实她们那种高雅的气质多半是来源于她们优雅的姿态，如果她们的姿态稍有不慎，就会让人大跌眼镜，闹出很多笑话。不良站姿是一个女人美丽优雅的大敌。在日常生活中，我们会看到不正确的站姿，常见的不良站姿有扣肩含胸、腿膝无力、臀部下塌等。这些不正确的站姿不仅仅会影响一个人身形的整体美观度，还会造成虎背熊腰的身形，还会使得两条腿的粗细不一样，甚至有可能造成臀部下垂等体形问题。所以，我们平常要多注重自己的站姿。

我们身体的许多部位都能体现出我们的站姿，只有将每一处细节都做好，才能让我们的站姿更显高挑优雅，现在的你是不是已经知道站姿的秘密了呢？

Spirit of Audrey

身穿高贵典雅的礼服，梳着雍容庄重的发型，戴上珠光灿灿的钻石，我感觉美极了。在镜头中，我需要走下楼梯，来到希金斯教授的房间，这些动作都是服装替我完成的。人人都说人靠衣装。对我而言，服装还给了我最需要的自信。

控制自己的表现欲

但愿每次回忆，对生活都不感到负疚。

——郭小川

浩瀚的江河之所以有磅礴的气势，是因为它们让人难以捉摸，而小溪流看起来清澈见底，拥有那种干净清晰之美，但是，它就少了一份内涵和包容。江河之所以让人们敬畏，是因为它善于隐藏自己，并没有向人们展示它们的深度，所以，人们会被它的气势所震撼。而小溪总是将自己展示得淋漓尽致，清晰可见，所以，人们也往往“一眼扫过”而已。

成事者往往是深藏不露，气场十足，而那些整天口若悬河的人，仅仅是凭借着一时口快，其实让人们对他一目了然，也就只能是泛泛之辈。那些常常夸夸其谈的人，会暴露自己的缺点，最后可能会导致一场场闹剧发生，更不要说他虚弱的气场了。

每个人都应该善于去调整自己，在不同的场合和环境，你也要有不同的言行，而不是一成不变地炫耀、表现自己。只有懂得调节自己，才能让你身心都处在愉快轻松自然的状态中，这样，面对生活的压力，你才能够以不变应万变，才具有强大的气场。有时，隐藏自己，是一种内敛，更是一种修养，只有不断地提升自己，才能控制住自己表现的欲望。人生是一段漫长的旅程，聪明的人会懂得隐藏自己，会掌控自己的表现欲，能把握自己的整个人生，而愚蠢的人只会在迷茫中挣扎徘徊，只会自以为是地在人群中搔首弄姿，最终还是弄得一身不是。所以，不管是在职场中还是生活中，都不能太过于表现自己，应适当地将自己隐藏起来，这样，你才能保持一份必要的神秘感。

有人总是一副自命清高的范儿，这更是让人大跌眼镜，他在人与人的交往中充满着浓浓的表现欲，似乎总想把自己所拥有的一切，在别人面前显摆，以此来体现自己的生活品质，其实这不过是一个人无知的表现。在我们生活中，还有很多谦谦君子，还有那些内敛矜持、稳重的人，而好莱坞巨星奥黛丽·赫本就是一个内敛、善于隐藏、不表现自己的人。

“只是化妆师的功劳”

如果说到显摆，赫本绝对有资格：她的容颜清纯脱俗，让世人震惊；她的身姿高挑轻盈，只要她一个眼神、一个甜美的微笑，就会让人在瞬间爱上她，这些都是赫本表现的资本，但是，不管是在生活中，还是在工作中，她从不会这么做。赫本在20岁刚出头的时候，就踏进好莱坞，她在第一部电影作品《罗马假日》里就和好莱坞巨星、拥有“世界绅士”美誉的格里高利·派克搭戏，不仅如此，更让人赞叹的是，这部影片让她赢得了当年的奥斯卡最佳女演员奖项，自此，赫本也赢得了派克终生的倾慕。此外，赫本还拥有世界最顶尖级的服装设计师好友，只要赫本一个电话，就会有人将世界上最新款的高级服装送到她家，等等，这诸多让人羡慕的优势，都是一般人难以企及的，也都是赫本可以拿出去表现炫耀的资本，但是，你看见过她在人们面前显摆吗？没有，赫本从来就不是喜欢炫耀表现的人。

赫本常常将这句话挂在嘴边：“妈妈总是和我说，引起别人注意是非常不礼貌的事。”是的，赫本一直以来的低调是从她母亲身上学到的，而实际上，赫本的整个人生观和世界观应该都是得益于她的母亲男爵夫人。赫本的母亲从小成长在一个旧式家庭中，她信奉保守的观念，并把这种旧式观念灌输给赫本。赫本小的时候，就被教导“不要太过于表现自己”“他人比自己更重要”“不要喋喋不休地谈论自己的事情，你的故事没有任何意义，重要的是他人”等。

也正是在男爵夫人的影响下，赫本很少在公众面前谈论到自己的事情。碰到不工作的时候，赫本会在自己的“和平之邸”——就是她钟爱的瑞士小农场里——享受着生活中的乐趣。其实也是在躲避外界记者的追问。赫本这种不显摆、行事低调的作风不仅没有影响到她的人气，反而还为她增添了一些神秘感。

在外人眼里，赫本是一个完美得无懈可击的女性，然而这种外界眼中的完美形象与她自己心里并不是那么完美的形象是有很大出入的。有时候，赫本会认为自己的面容还不是那么漂亮。赫本的好朋友邻居多丽丝曾经说过：“每次当赫本心情不佳的时候，她就会抱怨自己长得很可笑：鼻子有一些宽大，耳朵有些尖，牙齿很不整齐，胸部很平，像个‘太平公主’。让她抱怨最多的就是她那穿十号鞋子的大脚，她恨不得将它们藏得严严实实的。”曾经有一次，没有化妆的赫本来到多丽丝的家门口，看着她说道：“你有没有发现我的脸是方形的？”赫本从来没有觉得自己的脸蛋可以拿出来炫耀，她有时会说：“我的脸型并不是那么好看，我看上去很漂亮，这些都是化妆师的功劳，其实那并不是真正的我。”

这就是赫本眼中的自己，她拥有别人羡慕的容貌，却说："我并不是太美，只是化妆师的功劳。"她不仅没有在人们面前显摆自己的优势，反而还很谦虚。她的灵魂伴侣罗伯特曾经这样说过："赫本简直就像一个孩童，她总是不相信自己看上去有多么漂亮，她真是很谦虚。这就是赫本，一个真实的赫本，她拥有很多值得拿出来炫耀表现的资本，但是，她从来不这样做，反而还很内敛谦虚。"这种灵魂的内在美，让赫本看上去更加美丽，更具有吸引力。

有些人，或许在现实生活中也很优秀，也很完美，但是，当她正在夸夸其谈、口若悬河地炫耀自己的时候，就没发现别人是用什么样的眼光看自己的吗？就不觉得当一个人总是那么爱表现自己的时候，气场和周边的环境开始慢慢冷清了吗？所以，平常总是爱表现自己的人，暂时让自己沉默下来，适当地隐藏自己，那样你会更具有魅力！

人们常说"低调的华丽"，是的，一个人的气场和美丽并不在其炫耀之中，有时，低调一些，适时地将自己隐藏起来，让身上的魅力和气场慢慢地散发出来，这种神秘的吸引力，难道有谁不想拥有吗？

Spirit of Audrey

我发现，我不需要用"笨女孩"的那些举止来让别人喜欢我、或者使自己领先同龄人。最重要的是，那样做并不能使自己成为一个快乐、心满意足的人。

坐下来的气场

美丽的相貌和优雅的风度是一封长效的推荐信。

——伊莎贝拉

坐，本来是一个卸除各种装备、放松身体的小动作，但是，因为工作学习的原因，我们坐的时候就不能仅仅是放松那么简单了，有时，坐姿还会透露一个人心中的小秘密哦。而且，一个人的坐姿会折射出他的气场。在生活中，你会看到“坐姿百态”的人，在公交车上，或是坐地铁，都能看到各种不同的坐姿：有的人脊背弯曲、脖子向前伸，上半身就活像一个大虾米；有的人不顾及一点形象，双腿叉开，大大咧咧地“怡然自得”；还有的人跷着二郎腿，脚尖还时不时地颠来颠去，有时还会踢到旁边乘客的身上，如果前面没人，他更是无所顾忌，整个腿都伸到走廊中间……各种坐姿我们每个人都不陌生，几乎每天都能见到，有的简直是太熟悉了，甚至那就是自己的样子。

这些坐姿中不乏有一些衣着光鲜亮丽的美眉们摆出来的，这些人虽然外表很美，但是因为不雅的坐姿，而使得她们的美好形象大打折扣，更别说具有魅力和吸引力了。如果是在家里，想倒着坐、歪着坐、斜着坐、叉着腿坐等，当然可以想怎么着就怎么着，但是在公众场合，就一定要收敛下自己、注重自己的坐姿了。

“坐”出气场

时尚女王奥黛丽·赫本不管是在生活中还是在银幕上，她永远都是以优雅的坐姿出现在人们面前。赫本不管是平坐着、上半身稍稍前倾，还是双腿交叉、身体稍稍后仰，都如同公主一样，呈现出一种优雅的气质，隐含着一种强大的气场。当你看到银幕上的赫本，会发现她在不同场合，坐姿就会不同，但是不管是什么场合，她的坐姿都是娴雅、文静、柔美的，以这种姿态和别人谈话，会给人一种高贵、大方的感觉。

坐出与赫本一样的姿态，其实并不是很困难，只要懂得一些最基本的要点，你也与赫本一样端坐如公主，坐出优雅，坐出气场。

入座时要遵循三个小原则：轻、稳、缓。当你走到座位前，要轻轻地转身，然后缓缓稳稳地坐下，如果你感觉椅子的位置不佳，你可以事先将椅子轻轻移到合适的地方，然后再轻轻坐下，记住千万不能坐在椅子上移动哦，这是不雅的行为，也是有违社交礼仪的。

坐下之后，你面部的神态应该从容自如，如嘴唇微微闭着，下颌稍稍收起，面部表情要自然柔和。

双肩应该处于放松平整状态，手连同两臂自然弯曲放在双腿上，或是放在椅子、沙发上，同时手心要向下放，整体自然得体。

坐在椅子上，一定要立腰、挺胸，上身要自然挺直，这样看起来会很得体，你的气场会不自觉地散发出来。

双膝要自然并拢，双腿要正放或是稍稍斜侧，双脚合并或是微微交叠成一个小“V”字形。

坐椅子的时候，尽量不要将椅面坐满，最好坐满椅子的三分之二，如果是宽大一些的沙发，要坐到二分之一处，还要记得，刚坐下不久最好不要靠着椅背，如果时间较长，可以轻靠椅背。

如果美眉们穿的是裙装，在坐下之前，应该将你的漂亮小裙稍稍拢一下，千万记得不能坐下之后，再对裙子拉拉扯扯，这样的举止可是很不优雅的。

当我们坐好后，和别人谈话时，要根据对方的方位，将我们的上身、双膝和腿部同时轻轻转向同一侧，同时，上身要保持自然得体的姿态，既不是那种恭维讨好，也不是那种自卑的姿态，要大方得体，这样你才能散发出一种迷人的气息。

还有，我们要根据椅子的高低或是有无扶手等来调整我们的坐姿，但是千万要记住，身为女性，两腿分叉成大号的“V”字形，或是交叠的坐姿是非常不雅的。所以，“亲”们，在公众场合，尤其是和别人谈合作的时候，千万要记得这些小小的细节哦。

当我们坐下来之后，坐姿一定要端正，但是不能僵硬呆板，此外，还要避免一些不合礼仪的举止，如随意脱上衣，或是摘帽子、卷衣袖等。在我们和别人说话时，最好不要在空中指指划划，或是突然间移动椅子，更要避免背靠着椅背打哈欠、伸懒腰、挠头发等不雅行为。刚开始你那优美的坐姿赢来的气场会因为你突发的不雅举止瞬间消失。所以亲们，想赢得气场，吸引别人的注意力，那就要始终保持好自己的坐姿。

在日常生活中，很多人可能都不会注重自己的基本坐姿，而商务人士或是政客，都会在公众场合注重自己的坐姿，避免了自己不雅的举止行为，从而也赢得了很多的人气。可以说公共场合中，坐姿的静态美不仅仅能考验一个人的修养，也能体现出一个人的气质。在社交场合中，正确规范的静态坐姿，不仅给人一种端庄优雅的特质，更能给人一种文雅、自然大方的美感。另外，身在职场的我们，整天坐在办公室中，如果长时间的静坐，会给我们的身体造成一些伤害，脖子、肩膀、颈椎等就会发出疲劳的信息，所以，我们平常应该懂得一些坐的小知识，才会让我们每个人“坐”得更健康、更美丽。一个小小的坐姿也会拥有它独特的内涵，拥有一个好的坐姿，不仅有益于我们的身体，更会为我们增添一份活力和魅力。只有保持优雅的坐姿，像赫本一样端坐如公主，你才能散发出与众不同的魅力，才能像一位公主一样吸引别人艳羡的目光。

Spirit of Audrey

每当听到或看到被人称赞我美丽的时候，我自己也不明白。从传统的审美角度看，我并不是个美女。我的事业并不是建立在美丽上的。

没有谁最重要

无论乌鸦怎样用孔雀的羽毛来装饰自己，乌鸦毕竟是乌鸦。

——斯大林

在现实生活中，有些人一旦拥有某个特长，他在心里总是把自己看得很重要，总是在别人面前摆谱儿，总是拿自己的长处与别人的短处相比。这种喜欢摆谱儿、把自己看得很重的人，如果长时间这样，就会让自己停滞不前，因为他总是把自己放在第一位，而忽视身边的变化，如果他一直停留在原有的基础上，就永远都不会进步。

放低自己，尊重别人，才能得到别人的尊重，只有适当地放低自己，才能够让别人更看重自己。每个人都是独一无二的，都希望得到别人的认可和赏识。如果一个很成功的人士在各种环境中，都能放低自己，以一个普通人的身份面对身边的事物，和蔼可亲地对待每一个人，如同一个谦谦君子，那么，他就是一个非常高尚的人，即便他放低身段，他的气场和吸引力依然不减，相反，他更能得到别人的尊重和认可！

不管是在生活中还是职场中，即便有谁自认比身边其他人更优秀更能干，都不能常常把自己放在第一位，有些时候，放低自己，尊重别人的想法和看法，会懂得更多，会更进一步。在你的生活中，你发现这种很成功但能“轻视”放低自己的人了吗？你身边可能有，也可能没有，但是你一定曾在银幕上看到过这个真正的“轻视”自己的明星——奥黛丽·赫本。

花园与赫本

奥黛丽·赫本虽然是20世纪顶尖的好莱坞女星，是全世界人都为之震撼的时尚天使，但是她从来没有把自己看得很重要，不管是在生活中还是工作中，她从来不摆架子，她只是把自己当成一个很普通的人。

大家都知道，在赫本晚年的时候，美国公共电视台曾经制作了一档《世界花园》的栏目，这档栏目从刚开始创意的时候，执行制作人珍妮斯·席勒格就认为最好的主持人就是奥黛丽·赫本。可以想象一下：花园与赫本，这是多么完美的组合啊！珍妮斯·席勒格曾经回忆说："当我提到奥黛丽·赫本的名字时 ，所有的人都震住了，所有的人都把目光瞬间转了过来。"显而易见，每个人多渴望能看见赫本，如果能与好莱坞巨星赫本一起工作，那将是多么美妙的事情。但是，大家也很担心电视台预算的问题，要花多少钱才能邀请到这位顶级巨星呢？人们心里都在想着那一定是个不可思议的数字。

珍妮斯·席勒格就尝试着给赫本打电话，问她需要哪些化妆师、发型师和服装师帮她打理造型等事宜，于是赫本就说了几位曾经与自己合作过的工作人员的名字，这些专业人士能保证赫本在镜头面前呈现出最完美的样子。通完电话之后，珍妮斯·席勒格就开始和电视台节目组商量，讨论的结果是他们的预算要多出30万左右，但是公共电视台不可能通过这么巨大的开支预算，一时间，邀请赫本的事情陷入了困境。

几天之后，珍妮斯·席勒格意外地接到了赫本打来的电话：“不管是在哪里拍摄，我想，如果你们能帮我找到吹风机、熨斗和熨衣板，我是能够把自己的发型、化妆和服装的事情搞定的。”珍妮斯·席勒格听了非常开心，感到非常惊讶：“这怎么可以呢，不能让你自己熨衣服。”赫本笑着说：“我很喜欢熨衣服，没关系的。”“不行，绝对不行！”珍妮斯·席勒格很难想象出，让一个获奖无数、备受人们追捧的，并超过60岁的国际巨星自己去熨衣服，这要是让别人知道了，会引起多少议论啊。但是赫本却不会在意这些：“没关系，没关系！我真的很喜欢熨衣服。”她还是这样笑着和珍妮斯·席勒格通话。

赫本真的说到做到，她将自己所有的衣服都熨了。有一次清晨，当节目制作人来敲赫本房间的门接她出去拍片时，赫本正在忙碌中，她正忙着熨当天准备要穿的一条裙子。后来，节目组的预算经费已经剩下不多了，为了给珍妮斯·席勒格解围，赫本和罗伯特主动掏钱请那些工作人员吃了关机大餐。离别时每个人都依依不舍，并不是仅仅是因为在录制节目时，留恋那些花花草草、庭院楼阁，而是迷恋于与赫本共事的美好时光，虽然仅仅是短暂的几个月，但他们感觉这段共度的时光非常难得、非常美好！

其中一位节目制作统筹人说过：“自从认识了奥黛丽·赫本，我对其他名人大腕的热情就逐渐降低了。”像赫本这种国际巨星都能打理好自己的一切，还准时通告，熟背台词，随着节目组东奔西跑地奔波几个月，都没有一丝怨言，那些自认为很了不起的明星，还有什么理由时不时地端架子、摆谱儿，还总是那么挑剔。当时这位制作统筹人笑着说：“当我习惯了奥黛丽·赫本的这种作风后，我就不想再伺候那些爱端架子的明星了。”

晚年的赫本即便成了国际巨星，依然能放得下架子，跟随着电视台节目组奔波几个月地拍摄录制节目，这是多么的难得，这种行为可以说是好莱坞任何一个巨星都难以做到的。她没有摆架子，没有把自己看成大腕，但是，她的吸引力并没有因此减弱，相反，她的气场更大，吸引力更强。

如今不管是在现实生活中，还是在娱乐圈中，我们时常会看到被人们前呼后拥的明星，这些人貌似气场很足吸引力很大，但是，他们并不见得赢得了真正的尊敬。有些明星总是抱有这样的想法：“我是金枝玉叶，我是家里的公主，我是公众眼中闪耀的巨星，我的感受非常重要，这里唯我独尊！”拥有这种想法的人，不仅看起来不美丽，反而有种“泼妇”的感觉，他们以为自己会具有强大气场和吸引力，其实他们只是哗众取宠罢了！

也许之前的你也曾有些“公主脾气”，也会时不时地趾高气扬、爱端架子，当你看到赫本的言行时，你是不是已经开始慢慢改变自己了呢？人是因为可爱而美丽，而不是因为美丽而可爱，你要适当地放低自己，不要把自己看得很重，适当地将他人放在首位，你会发现你更快乐，而这时的你也具有更强大的吸引力！

Spirit of Audrey

优美的姿态，来源于与知识同行而不是独行。我从来不相信有天赐的才能。我只崇尚我的工作，并且竭尽全力。

平和大度，赢得气场

凡是一个能够受到大家欢迎的人，他的动作不仅要有力量，而且要优美，坚实是不够的，就是有用也无济于事，无论什么事情，必须具有优雅的办法和态度，才能显得漂亮，得到别人的喜欢。

——英国哲学家洛克

在生活中，气场处处存在，当我们处在不同的环境中，我们的吸引力也会随之而变化，也许我们自认为自己很优秀、很美丽，可是当我们步入比自己层次高的一个圈子中我们就会发现比自己优秀、比自己漂亮、比自己高挑的女孩很多。也许这时我们会很沮丧，感觉自己与那些优秀的美眉差距甚大，内心不由自主地产生自卑自怜等消极的心态。

这种现象在我们生活中随时都可能碰到，当我们兴高采烈地去参加一个朋友的聚会，到场后，才发现朋友身边站着一个身材高挑、气质优雅、时尚靓丽的美眉，而自己一贯喜欢的休闲装风格此时没有一丝气场。而朋友带来的这位美女却成为全场的焦点，吸引力十足。或许这时我们会无所适从，开始回避闪躲别人的眼光，开始不由自主地像一个幽灵一样到处晃来晃去，找不到自己的位置在哪里。原本是带着轻松的心情来参加朋友聚会的，此时，却感觉是来参加选美大赛的，遇到强劲的对手而变得不知所措，其实大可不必这样，每个人都有与众不同的一面，都有绽放光彩的时刻，不需要这样自惭形秽，应该以平和的心态去面对。如果这么手忙脚乱，那么，跟对方就真的不是在一个档次上。所以，我们更应该淡定，以内心的素养去吸引别人的目光，这未尝不是一个人的气场，一种内在散发的气场。

职场“奥黛丽”

在职场中，刚出校门的学生虽然也走上了工作岗位，但是依然是学生气十足，而公司中的那些前辈、主管都是光鲜亮丽、业务娴熟、自信满满的，在她们这种强大的气场面前，为了掩饰自己内心的紧张感和自卑，我们可能往往会不自觉地装可爱活泼，有时会眨眨眼睛、吐吐舌头等。其实这种做法是错误的，不仅不会增强自己的气场，反而会让人反感。与其畏畏缩缩，很胆怯，还不如勇敢地、大胆地挺直腰板，努力勇敢地向前进吧！

奥黛丽·赫本年轻时曾经也遭受过冷落，但是，她却不像我们职场菜鸟那样畏缩、自卑，而是用自己平和大度的心态，赢得了气场。

《窈窕淑女》在百老汇刚一上演，就引起了社会的关注，其剧中的女主角朱丽叶·安德鲁斯也凭着自己美妙的嗓音得到人们的喜爱。

这部音乐剧连续三年呈现在人们眼前，而朱丽叶·安德鲁斯也因此由一名年轻演员成为一个受众人关注的新星。

1964年，著名的华纳兄弟公司想要将这部风靡一时的《窈窕淑女》拍成电影，但是他们认为安德鲁斯的名声还不够响亮，会影响电影的票房。最后他们决定另换女主角，邀请名声显赫的奥黛丽·赫本担任该剧的女主角。而失魂落魄的安德鲁斯只好改换担任另一部电影《欢乐满人间》的女主角。

后来，《窈窕淑女》和《欢乐满人间》这两部电影都获得了巨大的成功，在1965年的奥斯卡颁奖典礼上，虽然《窈窕淑女》这部影片夺得了8项大奖，但是，赫本却因为在影片中由别人代唱插曲，连一项提名都没有获得。而实际上，赫本为了将这部影片中的插曲演绎得更加完美而付出了很多的努力，但最终她的努力并没有得到回报，公司不认同她的声音而将其换成别人的嗓音。最后取代赫本获得奥斯卡最佳女主角大奖的是在《欢乐满人间》中表现出色的朱丽叶·安德鲁斯。

这简直就是造化弄人，当时安德鲁斯成为全场的焦点，受到万人瞩目，赢得了所有的鲜花和掌声。可谓是光彩照人、春风得意。赫本并没有因没有得到奥斯卡小金人而沮丧，更没有因安德鲁斯的风采而逃离现场。赫本依然保持着自己以往的优雅姿态，挺直腰板，面带微笑，用一双美丽的眼睛凝视着对方，向安德鲁斯说了声："祝贺你！"而安德鲁斯也以同样的微笑回报平和优雅的赫本。

在这场看似平静的"对决"中，没有人是失败的，即便赫本没有得到奥斯卡小金人，但是，她却以平和大度的风采赢得了更强大的气场，更得到了所有人的赞许。安德鲁斯赢得了小金人，却为赫本打抱不平：“赫本是应该获得奥斯卡提名的。”而当时每一个《窈窕淑女》的获奖者在发表获奖感言时都曾这样说过：“我要感谢奥黛丽·赫本的精彩演绎！”

以淡定赢得气场

虽然赫本没有得到奥斯卡奖，但是她还是从容淡定、平和大度，获得了每一个人的尊重和称赞。在这次奥斯卡颁奖典礼上，安德鲁斯拥有强大的气场，其实赫本的气场也不逊于她。在这次双方气场的对决中，赫本到底拼的是什么呢？那就是自信！没错，只有一个人拥有足够的自信，才能在任何环境中不输气场。外在的光鲜亮丽都是为我们强大的自信做基础的，所以，在生活中千万不要忽视了这一点，我们只有自信满满，才能像赫本一样做到从容淡定、平和大度，才能赢得属于自己的气场！

我们每个人的从容淡定、平和大度，是来源于我们身上那种独有的特质，是源于我们内心深处那种处变不惊的修养和自信。独一无二的自己，绝对不是仅仅依靠你身上那华丽多姿的服饰或是别人几句赞赏的话语就能够打造出来的，只有在强大对手前仍然能够保持平和淡定，只有保持着独特的自我才能在各种场合中赢得强大的气场。

在当今浮躁的现实生活中，每个人都可能会迷失自我，只有那些内心强大、自信满满的人，才能够淡定平和，这种人身上就会不自觉地散发着独特的气质，她身上的能量就会不断地扩散、传递给周围的人，让身边的每一个人都能感觉到她的存在。一个平和大度的人，就是一个内心强大的人，就是一个能够敢于面对生活、能够应对各种变化的人，更是一个具有强大气场的人。

我们要想拥有强大的气场，就应该不断地提升磨炼自己，让自己变得更淡定，这样才能够打造出属于自己的气场！

Spirit of Audrey

人的优雅，关键在于控制自己的情绪。言语间的鲁莽伤害人，是最不可取的一种行为。

Part 9

一生最爱赫本妆

美丽动人，从头发开始

美，首先征服人的感官，然后才是人心；优雅，首先征服人心，然后才是人的感官。

——汪国真

女人的美丽，要从“头”开始，一头精致飘逸的长发，会瞬间让一个平凡的女孩变得美丽动人。一头亮丽富有光泽的头发，是女人一道迷人的风景线，不仅仅可以衬托出她的美丽，还能反映她健康的身体，所以，一个女人要想美丽，那就从“头”开始吧！

头发的诱惑力和魅力是无穷的，女人披着一头飘逸的长发走来，就会立刻吸引众人的眼球。有句话说得好：人在画中走，指在发间游，一头长发随风而起，让人陷入无限的遐想之中。头发还是一个女人风情万种的装饰，更是一个女人性感的工具，当女人长长的发丝无意间拂过情人的脸庞，就会让人有种飘飘欲飞的感觉。所以，女人要想更美丽动人，就应该好好保护自己的头发。

现在，不管是普通上班族，还是娱乐圈的女星，都非常注重自己头发的造型。一个精致的发型会让女人自信百倍，也会让她更富有女人味，无论是在生活中还是职场，拥有时尚靓丽的发型是很重要的。

英国头发护理专家飞利浦·金斯利曾经说过：“改善头发的外观和内质，是提升你信心的最有效方法。”是的，这位发质护理专家配置的洗发露也是好莱坞影星奥黛丽·赫本最钟爱的洗发用品。赫本在日常生活中基本上是4到5天洗一次头发，清洗完之后，她就会上发卷，将头发整理成自己想要的发型。她的发质一直都处于健康的状态中，即使到了晚年，她的发量一直都很充盈。我们看赫本所有的电影作品，就会发现她不管是剪成俏皮可爱的短发，还是款款挽起来的各种发髻，都会给人耳目一新的感觉，这些亮丽别致的发型为赫本在银幕上的形象加了很多分。

想要拥有一头秀发，首先一定要清洁你的头发，像赫本一样隔三差五地洗一次，如果洗得太勤，头发中的营养就很容易流失，所以，适当清洗你的头发。而选择好的洗发产品对我们来说是非常重要的。也许有人会问究竟多长时间洗一次头发才好呢？其实这是没有固定的时间规定的，是由周边空气环境和自身发质决定的。有的人发质很油，周边空气环境也不是很好，就可以隔天清洗，或是每天清洗。空气环境较好，发质偏干，就可以像赫本一样隔几天清洗。不管怎么样，只要保持头发清爽干净就好了。

亲们，除了保持一头清爽干净的头发，还应该注重发型。然而，现在有很多美眉不是很注重自己的发型，尤其是宅女们。很多女孩总是随便走进一家发廊，任由顶着一头乱糟糟、缤纷多彩头发的发型师摆弄，最终，她的发型或许和那些美发师一样五颜六色、不伦不类，这些发型永远不会成为女人美丽的装饰。像这种手艺不佳的美发店最好不要走进去，不要将自己的美丽交给这些小学徒去练手。

打造“赫本头”

奥黛丽·赫本总是遵循着自己的原则，按照自己的想法去打理自己的发型，我们也应该像赫本一样，拥有自己的想法和个性。在现实生活中，我们虽然不能像赫本一样拥有自己的专属发型师，但是我们不能以此为理由而放弃打理自己的头发。可以看看我们的发梢，如果发现有分叉焦黄，就应该用心去打理一下，要好好地做一次营养护理。千万不要怕浪费时间，因为我们将自己的头发整理好了，会为我们的整体形象加很多分。

赫本在银幕上最经典的发型，就是人们称的“赫本头”，就是光洁、简单高耸的优雅盘发，这个发型搭配简单高雅的小黑裙，将赫本身上独有的优雅气质衬托得淋漓尽致。

将自己打造成赫本式的气质优雅的女人，其实没想象的那么难，只要肯花点时间，认真学习一些发型操作方法，一定可以将自己装扮成气质不凡的女人。除了这种气质优雅的发型，我们还可以看到其他一些美丽可爱的发型。只要平常稍稍留意一下周边那些气质非凡的美眉们的装扮和发型，多看一些发型的杂志或是电视节目，你都会学到一些打造发型的实际操作方法。

想要美丽动人，想要更具有魅力，想在职场中独占鳌头，那就从“头”开始吧！现在，你就快点行动吧！

Spirit of Audrey

其实我的外貌非常普通。你只要把头发盘起，戴上硕大的墨镜，穿上无袖的贴身衬衣就可以变成奥黛丽·赫本。

让眼睛说话

表情是思想的写照，眼睛是心灵的窗户。

——罗马著名政治家西塞罗

是的，眼睛是我们每个人相互传递信息、表达内心情感的重要窗口。拥有一双美丽的眼眸，将会为你增添一份永久的魅力。现代都市女性更是知道这一道理，有些美眉对自己的双眸不是很满意，为了想拥有一双灵动有神、会说话的美眸，她们会去做一些整形小手术，殊不知，这会对眼睛造成一定的伤害。其实，只要你每天早起几分钟，为你的眼睛精心打理一通，你一样会拥有一双迷人的眼眸。

一双美眸

奥黛丽·赫本拥有一副天使般的面容，其中她美丽的眼睛就占据了人们的心田，她一双美丽有神的眼睛在世界十大美眸排名中位居第五，她也因在影片《罗马假日》中出色的表现，而一举获得奥斯卡最佳女主角奖。从此，人们知道了好莱坞影坛中诞生了一位“人间天使”。

在赫本的妆容中，整张脸最突出的就是她的眼睛了，她的双眼炯炯有神，看着她的眼睛，总会有种“不曾说话胜似说话”的感觉。在赫本的梳妆台上，你不会找到伊丽莎白·雅顿这些世界知名高档的眼影，以及世界知名品牌香奈儿的唇膏，她美丽的双眸并不是靠这些世界名牌打造出来的，她只会找适合自己的睫毛膏、唇膏等彩妆产品。赫本只要没有工作，就会卸掉脸上的妆容，甚至连基本的粉底都不会擦，她喜欢没化妆时素净的脸。但是赫本只要出门，她会着重修饰自己的眼睛，不涂睫毛膏她是不会出门的。她曾经这样说过：“我会用黑色的眼线和睫毛膏，然后在眼睑上涂一些深咖啡色的眼影，如果是其他颜色，如绿色和紫色眼影，可能会不适合我。如果我是晚上出门，我就会在眉骨上涂一些亮粉。出门前我还会涂抹一些口红，仅仅是一些淡粉红色或是淡珊瑚红……”。

赫本的日常生活妆是非常简单且又聪明的，她的化妆原则就是“整张脸，眼睛最重要”，她每次化妆，都会突出五官中最漂亮的地方，那就是眼睛，其他的部位会用淡淡的颜色去修饰，以便凸显出她美丽的眼睛。“整张脸只有一个重点”，也是当今化妆师们遵循的化妆原则，不仅如此，这种原则也适合任何一个美眉，即使是一个化妆菜鸟，也能依照这些原则将自己装扮成一个“电力十足”的女人！

赫本妆容中最美丽的就是她的眉眼，这也是她整个五官中最动人最美丽的部位。如果有人有所怀疑，那么就可以将有关赫本的照片一一翻看，你就会发现粗黑眉毛和有神的大眼睛是赫本最突出的，也是最具有魅力的地方。当你细细观看赫本的眼睛，瞬间就会感受到一种很强的气场，那就是自然美。在现实生活中，很多美眉可能会嫌弃眼睛不够好看，毫不犹豫地去做整形手术。也有的人嫌弃自己的眉毛不够好看，就会修成细长的眉形，或是文眉绣眉，最后她们也许得到了自己想要的美眸和眉形，但是却失去一种真正的自然美。如果天使赫本还在人世，她或许会说："这样做不错，但是，你本身的眉眼不是更美丽吗？"

如果有谁天生就有一对美丽的眉形，那么，恭喜你，你很幸运，如果不是，那么也不要着急，你想拥有富有魅力的眉眼，只要平常多做一些修饰，把眉上那杂乱的边缘修剪干净利索，再轻扫眉粉以保持眉形自然就OK了。

在银幕上，我们看到赫本那双会说话的眼睛，便想到如此美丽的眼睛是谁打造出来的呢？没错，是赫本非常要好的化妆师，也是影片《罗马假日》中与她很亲近的化妆师阿尔伯托·德·罗西。当人们赞美赫本的眼睛非常漂亮时，她总是说："化得最漂亮的眼睛，都是罗西的功劳。"罗西为赫本化妆时，非常强调自然且不着痕迹，这和今天流行的裸妆概念是相通的。他化妆时，重点是突出赫本的眼睛，为了使赫本的睫毛看起来很分明，自然卷翘，他甚至会用安全的小别针将她的睫毛一根根挑开，然后再涂抹睫毛膏。这样，一双闪亮有神的眼睛就会瞬间和观众"对话"了。接下来，罗西会在赫本的脸和脖子处均匀地打一层薄而透的粉底，再扑上一些细腻的蜜粉，然后再用粉刷刷去一些多余的粉质，这样会使得妆容持久、通透。

赫本的另一位化妆师凯文·奥库安曾经这样说过：“强调眼睛，让眉毛有型，再涂上浅红色的口红等，这就是我给奥黛丽·赫本化妆的最大秘诀！”巨星化妆的秘诀就是眼睛，所以亲们在化妆的时候也要多注重你们的眼睛哦。只有将自己的眼睛打造得美丽动人，才能吸引众人的眼球。

现在，无论具有什么样的审美观的男人，都不会轻易否定一个美眸顾盼的女人，每个女人都希望自己能够拥有一双会说话的眼睛，而一个人的脸上最重要的部位也就是那双灵动的双眸。很多女人想拥有美丽的眼睛，除了精湛的化妆技巧外，还会做一些眼部整形手术，其实不然，眼睛的美丽重在“神采”，而眼睛中的“神”就是一种健康的心理状态，眼睛的“采”就是后天的保养了。将两种结合起来，再加上精湛的化妆技巧，你一定会拥有一双会说话的、水灵灵的美眸！

有一双会说话的眼睛的女人，向人们展示着她内心的健康和朝气。在当今这个竞争的社会，人们的压力无处不在，而女人天生就容易心事重重。生活工作中的各种压抑会严重影响到每个人外在的健康，而这些诸多变化，就会在我们的眼睛上体现出来。这时，女人就应该适当地让自己放松，用适宜的方式让自己去减压。总之，要让自己处在一个轻松舒适的状态下，这样眼睛才会透露出健康热情的“话语”。

婚姻和爱情都需要我们去经营，而我们的眼睛也是一样，需要我们用心地去呵护。对于办公室的那些白领，可以选择适当地做眼保健操，每天可用眼霜。或是对眼睛做一次3至5分钟的简单按摩等。如果

有条件，可以定期去专业美容院对眼睛进行更好的护理。想让自己的眼睛说出更动听的话语，此刻是不是知道该怎么做了呢？

Spirit of Audrey

女人的美丽不存在于她的服饰、她的珠宝、她的发型；女人的美丽必须从她的眼中找到，因为这才是她的心灵之窗与爱心之房。

学会卸妆，肌肤永远晶莹剔透

我不认为化妆品有多复杂或是有多好到可以治疗癌症。

——辛迪·克劳馥

当今社会，环境严重污染，食品问题不断出现，周边的生活环境不断地变化，这些都加速着人的衰老，尤其是女人，皮肤衰老得更快。所以，除了平常选择一些好的美容养颜的保健产品，还需要选择优质的化妆品，内调外用对肌肤进行内外护理，才能绽放出女人的美丽！

“肥皂和清水的女孩”

透明无瑕的妆容会给人一种清爽、焕然一新的视觉美感，奥黛丽·赫本更是明白这一点，一张干净清爽的脸是美丽妆容的基础。曾经作为舞台剧演员的赫本，有在脸上抹上厚重彩妆的经历，更清楚卸妆不彻底给皮肤造成的伤害。所以，赫本不管何时都会将卸妆工作做到位。

赫本曾经说过自己是一个“肥皂和清水的女孩”，注重生活品质的她不会那么简简单单地用一块普通的肥皂对待自己。赫本在卸妆前会先用美国知名品牌奥伦纳索的肥皂来卸妆，然后用清水洗去脸上的残妆，这样不仅保护了皮肤的酸碱度不被破坏，还会让肌肤显得水嫩细腻。赫本拥有姣好妆容，和她正确的洗脸方式是分不开的。只有将脸上的角质污垢彻底清除，才能更好地展现面部的光彩。

我们可能没有赫本那种古老而顶尖的皂类产品，但是，我们拥有更多现代化的卸妆产品。不管怎么样，都不能片面地认为只要有一支可以应对任何问题的洁面乳就行了。现在的彩妆产品大多都是油溶性的，它们会很好地吸附在我们的肌肤上。所以，美眉们，除了一支很好的洁面乳，还需要其他一些优质的油溶性卸妆产品。

美丽，从卸妆开始

也许有很多女孩平时很少化妆，就像赫本一样，喜欢那种素面朝天的感觉。她们可能会跳过卸妆这一环节，直接进行下一个清洁步骤。其实就算女孩平常素面朝天，也会使用不同的隔离霜、防晒霜，或者是修复滋润的面霜等，这些护肤品中会含有很多粉质成分，此外，每天都会和空气接触，空气中也会含有很多的油性和有害物质。如果不认真“卸”一下，那么，这些残留物依然会吸附在你的肌肤上。所以，可爱的美眉们，千万不要偷懒，选择一款优质的卸妆产品吧。

目前，常用的卸妆产品各种各样，有卸妆油、卸妆霜、卸妆乳和卸妆水等，其中比较适合美眉们长时间使用的是卸妆油和卸妆霜，因为它们含油量很高，能够很好地将肌肤上的彩妆和油脂溶解其中，达到彻底清洁的目的。

漂亮的美眉们，现在是不是迫切想了解一下使用卸妆油和卸妆霜的卸妆步骤呢？下面就来看一下吧。

卸妆油

Step1：在将卸妆油倒在手上之前，要让手和脸都处于干燥状态，不能有一丝水分，否则卸妆油会被水乳化，就不能达到彻底清洁的效果了。所以，美眉们要卸妆时不要忽略了这个小细节。

Step2：将卸妆油均匀涂抹在脸上，然后用手轻轻按摩，以更好地使脸上的彩妆、污垢能够溶解掉。在脸上按摩的时间不要超过1分钟，因为按摩时间长了，脸上的去垢反被皮肤吸收，所以，在卸妆时要拿捏好按摩时间哦。

Step3：用手沾一点水，将手上的卸妆油乳化，当看见卸妆油看似变白，就可以确定卸妆油开始乳化。然后将脸上充分乳化后的卸妆油用清水冲洗干净。这样，脸上的肌肤会有清爽通透的感觉。

卸妆霜

Step1：使用卸妆霜时，要先将其用手稍稍预热，以免过冷导致肌肤毛孔收缩。

Step2：再将卸妆霜点在额头、脸颊、鼻尖和下巴五处。

Step3：然后再用中指和无名指的指腹，在面部的两个脸颊中心的地方，往外轻轻地打圈按摩。接着，在鼻子两侧上下按摩。

Step4：等到脸上的彩妆和角质污垢彻底融合在卸妆霜里之后，再用清水清洗干净。此外，有个小小的提醒，最好不要在脸上反复来回地涂抹卸妆霜，因为这样会使污垢进到毛孔里。所以，亲们，使用卸妆霜时要注意这小小的动作哦。

很多美眉在卸妆时会有“节省”卸妆产品的想法，一旦有了这种想法，使用时就不由自主地会减少卸妆产品的量，其实，这样不利于清洁肌肤。只有足够的卸妆产品才能彻底溶解肌肤上的彩妆和污垢，达到清爽的感觉。也有很多美眉不是很习惯使用油质的清洁护肤品，她们会觉得这些油质产品会将自己的皮肤越洗越油。其实，大可不必有这种想法，因为卸妆是清洁皮肤的第一步，完成这一步后，还会使用平常使用的洁面乳将已经溶解的污垢和卸妆油一起清洗掉。为了达到更好的清洁效果，让肌肤更干净透彻，卸妆完之后就用优质的洁面乳深入地再清洗一遍，这会让水嫩的肌肤彻底地和污垢和残妆说“再见”！

亲们，你是不是想立马回到家，对自己的肌肤做一次彻底的清洁工作呢？是不是想马上去化妆品专柜选择一款优质的卸妆产品呢？OK，就是应该要这样，要想拥有晶莹剔透的肌肤，就要从卸妆开始！

Spirit of Audrey

其实我从不曾在意什么公众形象。如果我成为大众眼里的完美女神，肯定会被逼疯的。我根本不相信有完美。

赫本经典妆容

一个女人的着装应该像绕了铁丝网的栅栏：既起到了它的作用又不会碍眼。

——索菲亚·罗兰

对那些爱美的美眉来说，化妆已成为她们日常生活中必须做的工作。不管是出门见朋友，还是职场应聘，她们都会早上牺牲一点睡眠时间，为自己精心打造出一个靓丽的妆容。是的，想要给别人留下好的印象，妆容起着很大的作用。化妆也包含着很多的学问，并不是我们大多数人想象的那么简单。化妆里包含着很多的技巧和知识，要想打造出一种惊艳的妆容，就应该多向那些化妆高手学习，只有真正懂得化妆技巧和真谛，才能画出让人眼前一亮的妆容。

奥黛丽·赫本是优雅的代名词，是天使的化身。她的成名作和代表作，是影片《罗马假日》。赫本的演出为世界创造了一个清新隽永、美丽脱俗的完美形象。

她也因此为全世界的人所喜爱。赫本不仅仅是优秀的演员，还是一个伟大的亲善大使，她是20世纪美丽的精灵，也是一个感动千万人的人间天使。赫本在她的人生中留下了很多让人难以忘怀的痕迹，正因此，她的面容成为20世纪最重要的面容之一。人们记住的不仅是赫本那善良的内心“妆容”，更是她那天使般的妆容！

赫本在家喻户晓的影片《罗马假日》中的妆容，我们完全可以把它当成我们日常妆容的典范。如果我们隔天接受一个邀请，去参加一个隆重的公司宴会，或是我们将赴一场让我们期待已久的约会，那么，赫本在《罗马假日》中的那种清爽妆容似乎有些满足不了我们的要求了。这时，我们需要稍微浓重一些妆容。这种浓重妆容会让我们像赫本一样，在耀眼的灯光下、众人期待的目光下惊艳登场。一个女人，拥有靓丽的服饰再加上让人震撼的妆容，无论她想要做什么，几乎就等于成功了一大半，正所谓“你的形象价值百万”！是的，完美的妆容会为我们在职场中赢得更多机会。

惊艳的妆容

现在，所有的人都肯定很想知道赫本惊艳的妆容到底是如何打造出来的，让我们一起来看看赫本在影片《蒂凡尼的早餐》中的经典妆容。在这部影片中，赫本扮演的电话女郎霍莉·戈莱特利，整天穿梭在诸多英俊的富豪、社会名流之间，一心想钓到一个金龟婿，借此跻身到蒂凡尼的上流社会。赫本在这部影片中的妆容很适合在晚间盛大晚宴场所出现，她的气质纯真而又带点奔放，优雅却又含有虚荣，她的双眸呈现出一种深邃的风韵，她的嘴唇娇艳欲滴，更是让人浮想联翩。

迷人的眼睛

在这部影片中，她的专业化妆师先将她整个眼窝部分抹上浅棕色的眼影，然后在接近她睫毛的褶皱的地方抹上雾灰色的眼影。接着，用黑色的眼线液小心细致地描出赫本的眼线，并在眼尾处稍微加粗了一些，这增强了赫本眼睛的夸张感，然后，蘸一点棕灰色眼影，由眼线向眉骨方向着重晕染几次。如果想凸显出更加自然的感觉，可以蘸少许的棕灰色眼影，多晕染几次。如果更想拥有戏剧感，那就再配一双假睫毛吧！这样让自己看起来更富有魅力。

诱人的脸颊

脸颊也是妆容中很重要的部分，粉底是脸颊不可缺少的一种化妆品，也是妆容的基础。粉底不需要很白，最好是选用接近皮肤的颜色。赫本皮肤原本就很白皙，所以，她选用的粉底就相对来说有一些偏白。选好适合自己的粉底之后，将粉底均匀地拍在脸颊上。记得，在打粉底时，一定不要忽略了鼻翼、下颌还有接近发际线的地方，这些地方很容易被人们忽略。然后，再用较大的腮红刷子蘸取适宜的浅桃红色腮红，由颧骨向耳际方向慢慢轻扫。

性感的嘴唇

在这部影片中，赫本那丰满性感的嘴唇是整个妆容重要的地方。先选择和口红颜色一样的唇笔，将唇形细致地勾勒出来，再向嘴唇上涂抹上口红。等涂抹完之后，再取一张质地较好的面纸用嘴巴轻轻抿一下，用来清除多余的口红。最后再在性感的嘴唇上抹上闪闪发亮的唇彩，以增加嘴唇的光泽度和饱和感。

亲们，现在了解到赫本妆容的秘诀之后，是不是也想尝试一下呢？那就赶紧试一下吧。

赫本除了在这部影片中的妆容让人震惊，她还有另外一种高雅大方的妆容。赫本在其主演的影片《窈窕淑女》中，扮演的是一位普通的卖花女伊莱莎。她款款走进一个盛大晚会， 她谈吐优雅、仪态大方，受到很多人的关注。人们开始对她进行猜测，有人甚至猜想她或许是别的国家的神秘公主，实际上，她只是集市里一个很普通的卖花女。赫本在这部影片中，其妆容端庄自然、优雅高贵，她这种妆容很适合在公众场合闪亮登场。如果有人还依然为一些公共场合的妆容担忧，那么，就可尝试一下这部影片中赫本的妆容。它一定会增加她的自信，让她具有更大的魅力，更吸引众人的眼球。

柔和的眼睛

在这部影片中，化妆师先将赫本整个眼窝部分涂抹上浅灰色的眼影，然后，再用眼线笔细心地勾勒出眼线。接着再用干净的较小的眼影刷子，蘸上一点深灰色的眼影，由眼线向上层层晕染。记住，在做晕染动作时，最好是每次少蘸取一点，尽量多次蘸取，这样会给人一种很自然柔和、透明的感觉。如果要出席一场晚宴，可以在下眼睑地方也稍稍涂抹一点深色眼影。最后，再将长长的睫毛上涂上细长的睫毛膏，如果对这种效果还不满意，可以选择使用假睫毛，这也是一个很好的选择。

淡雅的脸颊

在漂亮的脸颊上，涂抹上自然的粉底后，再以打圈的方式在脸颊上刷上腮红。假如今天参加的是一个户外活动，可以在脸上容易被阳光照到的部分，如颧骨、鼻梁上等轻轻扑上少量腮红，这样会让人看起来更加富有魅力。最后，再用较大的粉刷，在整张脸上刷上一层淡淡的玫瑰红和桃色的蜜粉，这样会变得更亮丽！

自然的嘴唇

嘴唇也是脸部很重要的部位，可以选取浅玫瑰红或浅珊瑚红口红去配合你的腮红，先用唇线笔描绘出你的唇形，接着涂抹上一层口红，然后再用唇线笔描绘一次唇形，这样会让你的嘴形看起来很自然。

亲们，心动不如行动，将你的美丽全部展现出来吧！

打造自己的赫本妆

赫本妆是有规律可循的，并不是人们想象得那么神秘。优雅复古的赫本妆具有以下特点：使用大量的黑色眼线和粗眉，用了非常浓密的卷俏假睫毛，涂抹素雅粉质的唇彩。

赫本妆的具体步骤是：

Step1：赫本妆常常会描出很宽的眼线，且后端明显上扬。

Step2：赫本妆的眼睛有前段及后段之分，并配上一副增添魅力的假睫毛。

Step3：描绘好下眼线，眼尾的地方会稍微描粗一些。

Step4：赫本妆常常用眼线笔将眉毛描粗。

Step5：在脸上颧骨的下方往上且斜向刷上腮红。

此外，赫本妆的秘诀是：描绘的粗眉自然而又精致，眼睛是大而圆，再配合合适的底妆，这样就会给人一种清新柔和的感觉。赫本妆中眼影的浓重烟熏效果给人一种淡淡的感觉，赫本妆主要是用神秘的黑色眼线液和细长的睫毛，以及完美的眼线来衬托出赫本美丽的眼形。除此之外，赫本妆还会适当使用珠光眼影去增添时尚高雅的气质！如果我们知道了这些赫本妆的秘诀，就可以打造一个属于自己的“赫本妆”！

世人敬仰的“人间天使”奥黛丽·赫本，作为世界上最著名的女星之一，她以高雅的气质和独特的穿衣风格为世人推崇，她的妆容更是如此。赫本的妆容代表了一个时代的独特美丽，同时，也引领着世界妆容的魅力潮流。可以说，赫本妆成为一个时代的永恒，更是一个时代的永恒魅力！一个如此完美的赫本，一种永恒的“赫本妆”，难道还有人会视而不见、无暇顾及吗？

Spirit of Audrey

当我戴上丝巾的时候，我从没有那样明确地感受到我是一个女人，美丽的女人。

书名：天使在人间：赫本传奇

作者：白皙卉　著

定价：30.00

出版时间：2014-06

上帝亲吻她的脸，赋予了她美丽与善良。她的优雅与端庄通过银幕，落入世人的眼，融化人们的心。她是奥黛丽·赫本。**她用一生优雅的传奇，告诉世人，天使曾来过人间。**她高贵典雅，清新脱俗，是淑女的典范。她以一部《罗马假日》将天使的魅力尽展。纵然生活、事业、爱情、亲情、友情里交织着诸多的幸运与苦难，她总是静默地咀嚼辛酸，珍惜幸福、绽放优雅。她总是带着亲切友善的语言，带着善于探寻别人优点的眼睛，带着一颗善良之心通往人们灵魂的窗口，播撒爱的甘泉。多年以后，天使终于回到了上帝身边。而银幕封印了她璀璨的年华，铸就了永不褪色的经典。